让你大吃一惊的科学

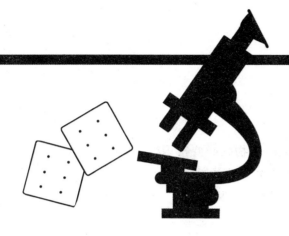

掉在地上的饼干能吃吗

有关微生物de必要常识

【美】安妮·E.马克苏拉克(Anne E. Maczulak)◇著

蔡承志◇译

上海科技教育出版社

图书在版编目(CIP)数据

掉在地上的饼干能吃吗:有关微生物的必要常识/
(美)马克苏拉克(Maczulak, A. E.)著;蔡承志译.—上
海:上海科技教育出版社,2011.12(2022.6重印)
(让你大吃一惊的科学)
ISBN 978-7-5428-5269-4

Ⅰ.①掉⋯ Ⅱ.①马⋯②蔡⋯ Ⅲ.①微生物—普
及读物 Ⅳ.①Q939-49

中国版本图书馆CIP数据核字(2011)第154968号

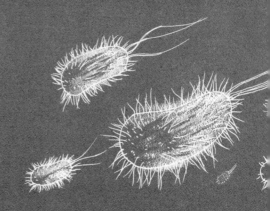

目录

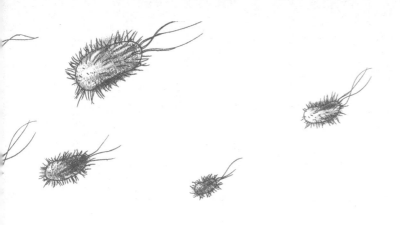

能力,也能养成"见到"细菌的好本事!

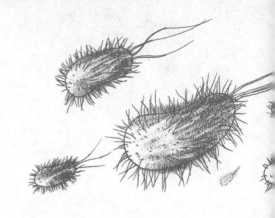

法,其中包括十分容易实践的动作,例如洗手以及不乱触摸东西。

193 第七部分　新兴微生物的威胁

人类行为和人口组成出现变化,都是造就新兴疾病、导致疾病再现的条件和理由。新兴微生物看似和我们的生活相距甚远,不会带来威胁。但事实上,如今许多已知的病原菌,对过去而言都是料想不到的新威胁。

217 第八部分　它们是未开发的资源

地球上的微生物多数都是未开发的资源,它们可以提供酶、蛋白质、抗生素和化疗药物。它们的潜力雄厚,能治愈疾病,还能为我们的居住空间清理毒物。微生物在生物圈发挥的作用可以说是不计其数。

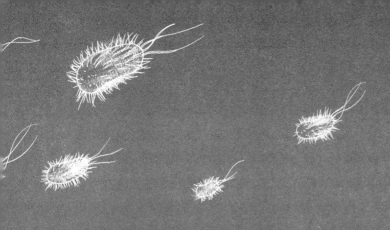

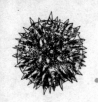

绪论

日常生活中的微生物

世界上到处都有病菌。我们的日常卫生清洁习惯和合适的社交礼仪,都是为了维系健康的生活而设。我们和许多病菌共同生活,其实病菌更准确的名称叫做微型生物,简称微生物。微生物是细菌和酵母一类的微小生命,不只生存在周边环境中,也生长在你的体表和体内。家中所有物品表面都有微生物,连在工作、上下班途中,还有孩子在学校中所触摸的所有对象表面,全都有微生物。微生物生长在食物中、饮水中,也生存在大气中和幽暗的海洋深处。微生物可以在冰川中存活几百年,也可以生存在从地底深处喷发的蒸腾热汽里。在太阳系中的偏远处能找到微生物的踪迹吗?倘若(或者当)科学家在其他行星上找到生命,这种生命大有可能就是一种微生物。

微生物是地球上所有生命体的进化前体。通过研究微生物的酶和 DNA,便可以得知人等高等动植物的生物学知识。我们思考微生物适应环境的生理变化,从而深入理解动植物如何纳入生态体系。培养的细菌以指数原则高速生长,观察这一演化进程,我们可以解答自然选择方面的问题。

我们借助微生物来解答生命科学的重大疑难,然而这类生物十分微小,必须用显微镜才能观察,一般要放大 600 倍。怪不得,这种必须运用先进设备才看得到的强大生物往往被人们忽视并误解，因为我们平常只以肉眼来看世界。

不过别担心，你对微生物学的认识远超过你所认知的。在开始一天活动之前，我们先刷牙、使用漱口水和沐浴，这就是在遵照微生物学原理。清洗苹果、煮蛋，把盒装牛奶摆回冰箱，便是奉行微生物学原理的良好习惯。还有，洗手、咳嗽时以手掩口，或在烧好饭菜之后把料理台擦干净，其实这么做你就是学以致用的微生物学家。

然而，尽管你对微生物带来的影响已经有所了解，这类生物还会以其他几百种更微妙的方式对你产生作用，于是就出现了众多微生物谜题，当然有许多也蕴涵了金科玉律，"五秒法则"就是其中一个例子。所有校园学童都能告诉你这条法则的意思：饼干掉到地上，只要在5秒钟内捡起来，还可以吃。这条法则只是一种说法，并不是一条生物学原则。不过，本书要告诉你，五秒法则彰显出环境微生物学的6项基本原理。这些原理可以帮你了解微生物的相关事实，以及如何在充满微生物的世界中健康生活的诀窍。

本书描述了各式各样的重要微生物：好的、坏的、甚至丑恶的，着重于阐述人们从许多种类微生物中得到的好处，并讨论其他除非予以控制，否则就会带来危害的微生物种类。本书的宗旨是帮你了解如何融入自然界，并明白微生物影响我们身心健康的方式。同时你还能了解若干有趣事实，学到几项有用的秘诀。

第一部分

微生物学研究什么

你只有两种生活方式:一种是认为万物平凡无奇,另一种则认为万物皆是奇迹。

——阿尔伯特·爱因斯坦

(Albert Einstein)

此时此刻,"它们"就在你的皮肤上!在日常饮食中,你会同时把它们吃进肚子里,而且体内原本就有数万亿个。它们在你的衣服上、床上,而且每次呼吸,你都会吸入它们。还有一些正咀嚼着你手上这本书的书页呢!

"它们"就是微生物。它们是肉眼看不到的类群,也是地表数量最多的生物。微生物(microbe)是生物学术语,包括细菌、酵母和原生动物(简称原虫)等形态微小的生物,有些单细胞藻类也属于微生物。病毒这类不具有完整细胞结构的生物往往也被纳入微生物学研究范畴。让人生病的微生物通常被称为"病菌"(germ),在有些英文文章里也会用"bug"来代表"病菌"。所以英文"I've caught a bug."意思是"我感冒了"或"我肠胃不舒服",而非"我逮了只虫子"。

微生物几乎遍布居家用品的表面,它们藏身

食物当中,还会跟着水从水龙头中流出来。此外,还有几亿个微生物安居在人体的消化道里,栖息在皮肤和头皮外表,黏附在嘴巴内。这些与人类共同生活的微生物,多半对人类有益,它们会帮忙调节体表和体内的各种活动,帮助人体消化食物,甚至还会供应一两种维生素,保护人体防范更危险微生物的侵袭。在一般状况下,身体内外的常态微生物族群可以帮助人体保持健康。

但遗憾的是,有害微生物偶尔能够穿透身体防护屏障,有时候可能只会带来些许不快,有时却会瓦解身体的无形壁垒,导致身体不适或生病。

有些微生物的生命周期只短短 20 分钟光景,随后便会分裂成两个新细胞,或埋进土里,或藏身木乃伊中休眠,几百年之后再恢复生机。细菌在有利条件下可以大量增殖,几小时内便繁衍好几千代。细菌能以这般高速增长,加上在细胞间转移遗传物质的本领,更有利于它们适应环境,迅速演化。病毒虽然不同于细菌,但同样也能突变、演化。这种易于变异的一个恶果是,它们会产生出让抗生素失灵的耐药突变品种。

有些微生物能生存在哺乳动物无法存活的场所。举例来说,人们发现有细菌生存在美国黄石国家公园的蒸汽喷发口;还有微生物学家曾从矿坑溢流酸液和死海咸水中分离出细菌;有些细菌甚至还含有细小磁石,能不断让身体维持朝北极定向,确立行进方向。而细菌和真菌还完整配备了必要的生化装备和护身甲胄,得以在这类严苛环境下存活。

尽管微生物的体型微小,却有顽强的生命力。它们能够在极端条件下生存、繁殖,本领远远超过人类这种高等生物。事实上,和人类共同生活的微生物种类,日子算是过得相当舒适的,其他栖居在荒瘠沙漠,甚至住在半导体制造业使用的纯净水中的微生物,它们过的日子才真的是险象环生呢!

实验室中的微生物学

微生物学家

微生物学家是受过专业训练,懂得如何培养细菌和真菌的学者。细菌学家专门研究细菌。真菌学家只研究真菌,研究对象包括多细胞的霉菌以及单细胞的酵母。研究微生物的分子生物学家的研究重心则是微生物细胞的内部成分,特别是脱氧核糖核酸和核糖核酸——DNA 和 RNA。

微生物学家的职责是理清微生物的成长条件,接着便可以运用这些信息来开发产品,或以之杀死有害的微生物,或借此帮助有益的微生物生长。

DNA和RNA

DNA(脱氧核糖核酸)是种大型分子,由两股被称为核苷酸的糖和氮化合物构成。DNA还包含磷原子,每个磷原子四周都环绕好几个氧原子。这两股结构互绕构成松散螺旋,各核苷酸之间则以化学键接合起来。DNA有两股核苷酸,加上串联的桥段,看上去很像扭绞的梯子,梯底朝顺时针方向旋转,而梯顶则朝逆时针方向旋转。完整的 DNA 包含了必要的基因,让黑猩猩长成黑猩猩,马长成马,栎树长成栎树,牛蛙长成牛蛙。所有生物都有 DNA,所有生物都仰赖专属的独特 DNA 才拥有制造同种新生代的指令。

RNA(核糖核酸)是单链核酸。RNA 和 DNA 不同,具有不同的核糖骨架,核苷酸组也略有差异。当 DNA 在细胞内复制时,RNA 便发挥重大功能。就所有生物来讲,核酸复制都不可或缺。这是亲代把基因传给子代的第一步。

就医学领域而言,微生物学家研究感染型微生物的生长作用,从而解答与疾病相关的问题,并开发有效药物和疗法(表1–1)。

由于多数微生物的生长、分裂速率都很高(分裂时间从几分钟到几小时都属于常态),微生物学家必须不断供应新鲜养料,还要经常清除废物。

如何培养微生物

细菌的细胞并不会越长越大,大到把房子填满,它们会长到所属种类特有的常态尺寸。它们借分裂来生长,长一阵子,然后再分裂。这个过程会一再发生,很快便达到几十亿的数量。

在实验室中培养微生物有两种做法。第一种,微生物可以在装有一层加入养分的琼脂培养基的培养皿表面生长。琼脂是用海藻制成的凝胶状物质,又称洋菜或石花菜,就像是非常坚硬的果冻。第二种,微生物也可以培养在装有富含养料的液体的试管或烧瓶中,以"清汤"(培养液)来培养(图1–1)。

等成熟培养菌(接种体)分生出好几个细胞之后,再把新培养菌放在琼脂表面或放进培养液,盖上盖子摆进培养箱中。培养箱是指带有搁板和箱门,装有加热电源的简易箱子,培养温度通常维持在22—37℃,但多种特化

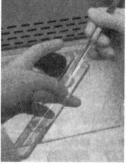

图1–1 把细菌或霉菌接种在浅盘培养皿的琼脂上或试管内的液态培养液中。(左图)琼脂加热后呈液态,冷却后转为固态。(著作权人:David B. Fankhauser)(右图)培养液接种了细菌之后,液体在培养过程中变混浊。(著作权单位:2006 ATS Labs and Voyageur I. T.)

表 1-1　微生物学家及其专业

专　　业	工作——研究或生产领域
临床	在医院内鉴识病原体(致病微生物)
环境 　分科： 　海洋 　土壤 　水 　地外生物学	极端环境；生物薄膜；户外和室内微生物 　海洋和淡水微生物 　土壤细菌和土壤真菌 　饮水处理；污水处理 　其他行星上的生命
细菌学(细菌学家)	细菌
病毒学(病毒学家)	病毒
食品	面包、啤酒、奶酪等；食品保存
产业： 　生物降解 　生物学技术 　消费者产品 　微生物制品	 用来清除污染的微生物 经生物工程处理的微生物、酶和药物；发酵作用 消毒剂；个人保养产品之保存 各式产品，包括：洗涤剂、纸张漂白剂、酿造剂、嫩肉剂 和鞣皮剂等；维生素和合成化合物；化粪池处理剂
分子	微生物基因组
形态学	细胞结构
真菌学(真菌学家)	真菌和蘑菇
原生动物学(原生动物学家)	原生动物
药学	疫苗；抗生素；类固醇；助消化剂；皮肤和伤口用药
系统学	微生物系统分类和命名
分类学	微生物分类法
酿酒	用于酿酒的酵母
研究	以上所有项目
学术	微生物学训练
政府	国防；环境；应用技术；公共卫生

的微生物都可以在远超过这个范围的温度中成长。与人体相关的微生物在22—37℃范围内都生长得很好。

使用琼脂或培养液来培养细菌、酵母或霉菌，必须花一天到数天时间才能培养出合适数量的个体。就像烘焙师傅烤馅饼时从烤炉门缝窥视状况一样，微生物学家也会这么做，以观察培养菌是否"烤熟"了。当最初的几个细胞历经多次增殖，到肉眼看得见它们的身影时就算大功告成。细菌在琼脂上长出的细小斑点，称为菌落。以琼脂培养真菌，结果便是长出绒毛丛块，就像面包放久发霉的样子(图 1-2)。细菌在培养液中繁衍出几百万个新的细菌细胞，让原本澄清的液体改变颜色，而且往往会发出恶臭！

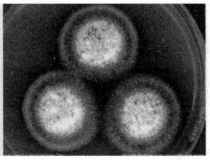

图 1-2　细菌和霉菌在培养之前，肉眼是看不到的。(左图)培养期间，单一细菌细胞在琼脂上会繁殖出几十亿个，结果便构成可见的细胞群落，这些细胞全都与原始细胞一模一样。(著作权单位：2006 ATS Labs and Voyageur I. T.) (右图)葡萄穗霉菌在培养期间长出一丛绒毛状团块，样子和其他多种霉菌相仿。(著作权单位：Aerotech Laboratories, Inc.)

但是，一般住家并没有培养箱，微生物如何在家中的壁橱、车库等清凉场所生存呢？培养箱内的温度很高，加上琼脂、培养液的丰富养分，构成了最适合微生物生长的环境。不过就算温度在适合微生物生长的范围之外，而且养料供给非常有限，微生物也确实能够生长。当它们被迫在庭院土壤或地毯深处等严苛环境中生活，就会放慢生长步伐，但反而长得更为强健。相形之下，与皮肤、口腔和肠道有关的微生物，其生存条件就比较舒适了，温暖的人体还能提供水分和形形色色的餐点，如维生素、矿物质、糖分与氨基酸等维系人体健康所需的养料。

微生物学沿革

微生物学发展史可分 3 个范畴来探讨:透镜、生物染色剂和微生物。

透镜

最早的透镜是装在一架显微镜上的,出现于 17 世纪,列文虎克(Antoni van Leeuwenhoek)用它来观察雨水和海水中"非常非常多的细小动物"。科学家根据早期观察结果,制造、发展出精密显微镜,用来观察并画下这些单细胞生物的细部构造。现在,显微镜学已经有长足的发展,科学家不但能够研究细胞,还能观察细胞的内部结构和所含的分子。从扫描式电子显微镜(SEM,用以观察细胞外表)到透射式电子显微镜(TEM,能产生内部结构的影像),微生物界似乎不再保有什么秘密了(图 1–3)。

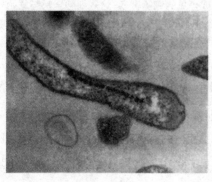

图 1–3　透射式电子显微镜是用来观察细胞内部结构的技术装备。以此观察趋磁水螺菌（*Aquaspirillum magneto-tacticum*）体内,可以见到一串 15 颗磁体;放大倍率:×13 535。(著作权单位:Dennis Kunkel Microscopy, Inc.)

革兰氏染色

和显微镜学相比,微生物染色科技含量较低。鉴识微生物时,微生物学家把被观察细胞的特定部位染上颜色,由此取得初步线索。若不使用专属染色剂,直接以显微镜来观察细菌,只能看到悬浮液滴中的模糊斑点。

革兰氏染色是第一种重要的染色法,迄今依旧是类别鉴识和疾病诊断的基石。1884 年,丹麦科学家革兰(Hans Christian Gram)开发出这项技术来辨识细菌种类。他根据细胞壁能保留一种紫色染料的特性来区分细菌种类。能吸收染色剂的细菌,在显微镜下呈紫色,后来被称为革兰氏阳性细菌;而有些细胞在这个过程中并不会染上颜色,细胞壁仍可以保持无色,这些菌种便被称为革兰氏阴性细菌,除非接触第二种染色剂,否则便无法被观察到。这第二种染色剂称为番红,可以把这些细胞染成粉红色。把细菌区分为革兰氏阳性和革兰氏阴性两类,在微生物学的医学、环境和产业领域是十分重要的。

我们偶尔可以在社区水质报告中读到革兰氏阳性或革兰氏阴性等字眼,或在医师诊疗室听到这种说法。革兰氏反应之所以这么重要,那是因为有时候可以把这当成一种警告。举例来说,医院患者皮肤上往往会出现众多革兰氏阳性细菌,这很常见,不过若是在伤口附近或体腔插管内部出现大量革兰氏阴性微生物,就是个警讯,表示很可能就要出现感染。在医院、净水处理机构、制造工厂,还有在食品处理生产线上的微生物学者,对此都非常警觉,特别注意是否出现革兰氏阳性和革兰氏阴性细菌。

病菌理论

微生物学的第三个部分是微生物细胞本身,也就是所谓的“病菌”。不过,明白“细胞”这个概念,是破解生物学谜团和疾病起因的重大进展。在病菌理论被广泛接受之前,几百年来人们都相信疾病是自然发生的。当时的人们认为,疾病是偶然从无生命物体中长出来的,接着便莫名其妙选定毫无防范的受害者。还有些人从哲学视角来看待疾病,认定疾病是种惩罚,一个人犯了罪或做了邪恶勾当就得生病。显微镜发明后 200 年,巴斯德(Louis

Pasteur)引入病菌的概念,为现代微生物学奠定了基础。巴斯德的研究大都牵涉到如何防止啤酒变质,他对微生物学的若干贡献如下:

- 证明污染是由微生物造成的。
- 证明微生物可借空气传播。
- 证明无生命物品的表面和内部都存在微生物。
- 证明高温可以杀死微生物。

李斯特(Joseph Lister)曾思考病菌和感染的关系。他深信只要洗手并以苯酚(石炭酸)溶液来消毒医疗设备,便可以减少手术室和实验室中的感染现象。不久之后,科赫(Robert Koch)便确定微生物和疾病有关。他提出4条法则,把特定微生物和所引发的疾病联系起来。科赫法则勾勒出如今所采用的可靠科学原理,医师依循这些原理,便能证明疾病诊断的因果关系。科赫法则在1884—1890年间构思成形,而且就像科学史上的多数核心发现,这几条简单明了的原理便产生了出色的成效。

依据科赫法则,致病微生物必然:(1)出现在患者体内。(2)存在于患者体内,可以从患者体内分离出来证明。(3)如果把致病微生物再接种到另一人体内,必然会再次引发病症。(4)可以再次分离来确认微生物就是病症的起因。

生物学的一切规则几乎都有例外。从科赫时代以来,已经产生许多新的诊断。有些微生物符合科赫法则,但不能完全照本宣科,应结合现有方法来培养。就目前所知,艾滋病病毒一类的病原体只能在人类和类人猿寄主体内生长,若是为了证明科赫法则,对健康个体进行再接种,便可能造成死亡,实属不道德之举。

巴斯德为防止食物变质进行的液体加热实验,后来演变为如今被广泛使用的"巴氏消毒法",能有效保存牛奶、啤酒、果汁和水果制品。而李斯特是否也是因为炮制出新的漱口药水,才将这个新产品冠上自己的姓氏,答案是否定的,有些产品名称只是营销部门的巧思。

还有一项重要报告促成大众接受病菌理论,这份报告是弗莱明

(Alexander Fleming)医师根据先前几次霉菌研究结果写成的,并在1928年发表。弗莱明的几组细菌培养在实验期间受到了霉菌污染,就在他打算把搞砸的琼脂培养皿丢掉时,注意到凡是长了霉菌菌落的位置,周围的细菌生长都受到抑制。后来发现这种霉菌就是青霉菌(Penicillium),而抑制细菌生长的副产品称为青霉素(即盘尼西林),由此便开发出今日所用的抗生素。

现代微生物学关注微生物的内外结构,以及这些结构与微生物生长、感染,疾病和疾病预防的关系。兰斯菲尔德(Rebecca Lancefield)在1934年发表的论文中描述了细胞的外侧实体(抗原),后来发展成免疫学领域;而沃森(James Dewey Watson)、克里克(Francis Harry Compton Crick)和威尔金斯(Maurice Hugh Frederick Wilkins)于1962年发表的论文,被公认为描述DNA结构、揭开分子生物学序幕的力作。1993年,穆利斯(Kary Mullis)发明了可以复制并迅速增加DNA数量的方法,这是一项促成今日生物学技术研究的重大进展。环境科学家正运用这一知识开发微生物,来排除陆地和水中的毒素。

微生物细胞的结构

　　细菌生存所需的所有部位,全都塞在直径约 5 微米(1 微米等于 $1×10^{-6}$ 米)的范围中。它们的形状依种类各异,每种细菌各有特定的形状和大小,且永远不变。于是,微生物学家借助这些独有特征,使用显微镜来观察、辨识经过染色的细菌。

　　当医师选择某一抗生素来对抗细菌感染前,必须先知道感染病原的种类(属和种),这项知识对选择有效药物、发挥疗效非常重要。不过,仅使用显微镜来观察细菌,还不足以彻底鉴识种类。除物理特征之外,还必须进行其他化验,才能辨明究竟是哪种病菌让喉咙疼痛,或者让伤口出现感染。专家会采用几种简单的实验室化验法,鉴定各种菌种能或不能依靠糖类和氨基酸来生长。较先进的分析法还可以探测细菌独特的 DNA、RNA 和脂肪成分,更利于确认细菌的属、种归类。

　　细菌、原生动物和其他所有生物,都各有自己的拉丁学名,以标示它们的属别(写在前面)和种别。举例来说,奈瑟氏淋病双球菌(*Neisseria gonorrhoeae*)会引发一种性病,学名中的 *Neisseria* (奈瑟氏菌)为属名,而 *gonorrhoeae* (淋病)则是"种加词"(种名)。属名通常会缩写成单一大写字母,如以 *N. gonorrhoeae* 来表示。

微生物的形状和结构

　　细菌有好几种常规形状(图 1-4):(1)球菌,呈圆形的;(2)芽孢杆菌,呈香肠形状的;(3)弧菌,像是弯形香肠;(4)螺旋菌,坚硬的开塞钻形;(5)螺旋体,不那么坚硬的长形开塞钻形。以球菌为例,有些种类偏好单细胞生

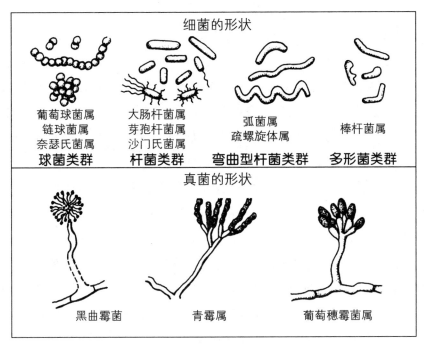

图1-4　微生物依所属类群各具独特外形，这种特性利于辨别种类。插图作者：
Peter Gaede。

活，另有些则两两构成双球菌；而链球菌则串联起来，像是一串珍珠。引发
链球菌性咽炎的细菌便是链球菌属菌类，它们在显微镜下看上去就像一长
串项链。有些球菌聚集共同生活，如四联球菌（4个细胞）、八叠球菌（8个细
胞构成立方体），还有葡萄球菌（葡萄状球菌集群）。"葡萄球菌感染症"是葡
萄球菌属的细菌引发的病症。

　　细菌具有特殊外壁，能适应你的身体和你周围的环境。许多细菌都具
有一两根长尾（鞭毛），细胞得运用鞭毛才能在水、汤等液体或胃内容物中
游动。弧菌、螺旋菌都极擅长游泳，号称"运动型"细菌，通过挥舞鞭毛并扭
动身体来移动。这类细菌包括引发霍乱的霍乱弧菌（*Vibrio cholerae*）和引发
莱姆病的疏螺旋体（*Borrelia burgdorferi*）。有些细菌长有纤小的毛发状突出
物，称为纤毛。细菌可借由纤毛黏附在物品表面。大肠杆菌（*Escherichia coli*，
简写 *E. coli*）就是一例。它们用纤毛黏附在肠道内壁，而奈瑟氏淋病双球菌

则附着于黏膜上。

细胞壁与细胞内部的其他结构相比较为复杂。除包纳细胞所有内含物外，细胞壁还可以阻绝有害物质。人类有肾、肝和胆囊等脏器各司其职，而细菌的细胞壁则包办了摄入养分、排除废物、生成能量等功能，细菌的代谢作用大半要仰赖细胞壁，后者肩负在动植物内外和无生命物体表面"停靠"的使命。有些微生物学家投入了整个职业生涯来研究细菌的多功能细胞壁，发现在地表的所有生物中，只有细菌拥有这样的细胞壁。

细菌的细胞结构还有一种重要特性，那就是形成**芽孢**。有些细菌在遇到严苛环境的考验时，会转变形式（构成芽孢）并生成坚不可侵的外壁。这种例子很多，包括引发严重的食源性疾病、坏疽和破伤风的梭状芽孢杆菌（*Clostridium*，简称梭菌）种类，还有芽孢杆菌属的类种。梭状芽孢杆菌和芽孢杆菌并非近亲，不过由于它们都能形成芽孢，因此都有耐受极端气温、湿度和高侵蚀性化学物质的本领。梭菌还有一项本领，它们是"厌氧菌"，是能够在完全无氧的大气中兴盛繁衍的菌类。

微生物学术语

球菌的单数写作 coccus，指圆形或椭圆形细胞形状的细菌；其复数写作 cocci。芽孢杆菌的单数写作 bacillus，指杆型细胞（包括弯曲杆形、一端尖细的杆形，或修长椭圆形的菌种）；其复数写作 bacilli。葡萄球菌、链球菌和芽孢杆菌都是泛称，依次分别指多种球菌集群、球菌链和杆菌类群。

芽孢杆菌属的几十个种类中，最恶名昭著的要算炭疽杆菌（*Bacillus anthracis*，简写 *B. anthracis*），这是炭疽病的病原菌，也是一种潜在的生物恐怖攻击的武器。在实验室中高速加热炭疽杆菌，便可以让细胞转变为芽孢（图1-5）。接着把生成的芽孢冷冻干燥，制成非常细的粉末，颜色从白色到深棕色都有（就看细胞是在哪种培养液中生长，还有芽孢是与哪种粉末混合而

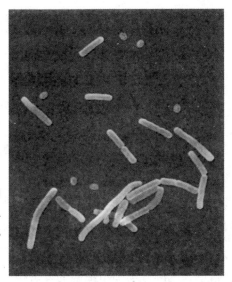

图 1-5 炭疽杆菌的细胞和芽孢。图中可见长杆生长、繁殖的细胞称为生长型，不生长的休眠芽孢较小、较圆。放大倍率：×700。（著作权单位：Dennis Kunkel Microscopy, Inc.）

定），成品可以贮存好几年。

炭疽芽孢被发现存在于土壤中，曾有人在几百年来未受侵扰的古代遗址中发现它们的踪影。一旦让开放性伤口接触到炭疽芽孢，或者吸入甚至摄入炭疽芽孢，便会染病。炭疽病十分罕见，美国每年最多只有两起病例报告。这种病在 20 世纪初期比较流行（每年约 130 起病例），主要是因为当时民众经常在地上处理牲口皮革，这些物品受到土壤中的炭疽芽孢污染所致。美国疾病控制与预防中心（Centers for Disease Control and Prevention, CDC）从 1955 年到 1999 年，总共收录 236 份炭疽病例报告，其中有 153 件与处理动物皮革或剪羊毛有关。

细菌和病毒是社会的两大感染病原体，原生动物、酵母和其他真菌则扮演次要的角色。真菌是遍布室内的客人，有时候只会带来不快，但偶尔也会带来健康顾虑。微生物可以在人类住家找到偏爱的藏身居所，若不予理睬，它们便各显神通，干扰我们的日常作息。

真菌、藻类、原生动物和病毒

真菌、藻类、原生动物和病毒与细菌不同（表1-2）。细菌被归入称为"原核生物"的生物"域"，真菌、藻类和原生动物则归为"真核生物"域。真核生物具有内部细胞结构，和哺乳类的细胞相仿，而且比原核生物域的细菌结构更复杂。相对而言，病毒并不属于这两域，结构也最为简单。

真菌界由各式各样的类群构成，各个种类的大小和形状都不同。真菌包括单细胞酵母类和单细胞的霉菌孢子，以及多细胞的蘑菇类和丝状霉菌类群。

丝状霉菌长出细丝状长条细胞并彼此相连，这些细丝会向远处蔓延伸展，所以肉眼能看得见，面包上长的霉菌就是个实例。1992年在美国密歇根州克里斯特尔福尔斯郊外发现了一株庞大的霉菌，这株球蜜环菌（*Armillaria bulbosa*，一种野生蕈类）的菌丝在土壤中蔓延，长遍了周围地区，覆盖范围至少达15万平方米。既然克里斯特尔福尔斯的观光客食用"真菌汉堡"和"真菌乳脂软糖"来强健体魄，想必他们确实考虑过这株真菌可能的价值。这株著名的球蜜环菌至少重100吨，与一条成年蓝鲸相当，而它的年龄相信至少达1500岁，还有些人认为它或许有1万岁那么老。

藻类有形形色色的体态造型，硅藻的形状更像是精致的艺术品。自然环境中有两类特别普通的单细胞藻类，分别为绿藻和涡鞭毛藻（dinoflagellate）。绿藻就是常见的池塘浮藻，而涡鞭毛藻属于浮游生物。

原生动物是微生物界的即兴舞者。它们并不像细菌那样拥有坚固的细胞壁，因此在水生环境中移动时，身体会变形成各种形状（图1-6）。变形虫是课堂上常用来做显微镜观察研究的原生动物，它们觅食、包覆摄入食物微粒的动作十分流畅、优雅。

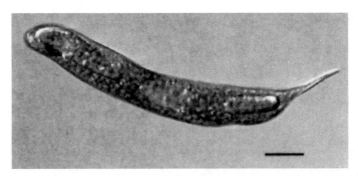

图 1-6　眼虫（Euglena）是半植物半动物的原生动物类群。眼虫能自行推行移动，因此属于动物，不过它还能进行光合作用，因此也是种植物。眼虫常见于淡水池塘，对人类无害。图中线段长度等于 20 微米。（著作权人：Jason K. Oyadomori）

病毒是极为特殊的生物，它们没有能进行复制、分裂的构造，也无法自行繁殖。它们必须在活组织内部才能生活，寄主包括各种动植物，甚至细菌。

病毒十分细小（约 25—970 纳米；1 纳米等于 0.001 微米，或等于 1×10^{-9} 米）。病毒只是一种蛋白质封包，里面裹着 DNA 或 RNA。它们的形状很奇特，在自然界十分罕见（图 1-7）。

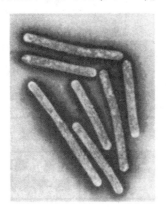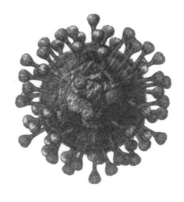

图 1-7　左图：流感病毒种类繁多，图为引发禽类流行性感冒（简称禽流感）的典型种类。它们从鸟类寄主（又称感染源）"跳跃"到人类身上。（著作权单位：Dennis Kunkel Microscopy, Inc.）右图：冠状病毒（Coronavirus）是感冒和严重急性呼吸系统综合征（SARS）的病原体。冠状病毒周身长满棒槌状蛋白质突出构造，长相就像王冠。（著作权单位：Russell Kightley Media）

病毒十分怪诞,虽然构造很简单,但却拥有称得上凶残的本领,能够渗入活细胞,并接管细胞的作用机制,就像一支部队,能发动政变推翻政府。不过,人类的细胞拥有强大的防卫力量,足以击退病毒攻势(表 1-2)。若是把病毒与人体细胞的攻击和对抗过程拍成电影,恐怕要让《星球大战》相形见绌了。

表 1-2　新闻报道中常见的病菌和病毒

微　生　物	类别	引发病症	注意事项
炭疽杆菌 (*Bacillus anthracis*)	细菌 芽孢	炭疽病	不治疗可致命
流感病毒 H5N1 亚型	病毒	禽流感	可能感染人类
O157 型大肠杆菌 (*E. coli* O157)	细菌	食源性疾病	会导致腹泻、呕吐、发热、肾功能障碍
冠状病毒	病毒	SARS、感冒	潜在致命性
耐药型"分枝杆菌" (*Mycobacterium*)	细菌	结核	药物治疗效果有限
抗甲氧西林金黄色葡萄球菌 (MRSA)	细菌	感染、败血症	药物治疗效果有限
人免疫缺陷病毒(HIV)	病毒	艾滋病	目前无法治愈,疗效有限
葡萄穗霉菌 (*Stachybotrys*)	霉菌	受污染的建筑	呼吸系统不适
沙门氏菌 (*Salmonella*)	细菌	食源性疾病	发热、恶心、腹泻
化脓性链球菌 (*Streptococcus pyogenes*)	细菌	坏死性筋膜炎	急性感染
疏螺旋体 (*Borrelia burgdorferi*)	细菌	莱姆病	似流感症状和皮疹
金黄色葡萄球菌 (*Staphylococcus aureus*)	细菌	细菌	恶心、呕吐、腹部抽搐、腹泻

（续表）

微　生　物	类别	引发病症	注意事项
西尼罗河病毒	病毒	西尼罗河热	发热、恶心、神经性综合征
难治梭状芽孢杆菌 (*Clostridium difficile*)	细菌	医院感染性 腹泻	儿童发病率高
汉他病毒	病毒	肺综合征	常能致命
资料来源:美国疾病控制与预防中心			

　　发生这种细胞战争时,病毒会附着于特定目标细胞上,例如人免疫缺陷病毒(HIV)附着于 T 淋巴细胞,接着便任由寄主细胞把自己吃下去(吞噬)。**吞噬**是一种常态防卫作用,白细胞把外来异物吞入内部并摧毁,但是病毒并不会因此被摧毁,它们反而会利用吞噬作用来牟利。病毒一旦进入细胞体内之后,便褪去蛋白质衣壳,并接管寄主的复制系统,胁迫细胞为它们生产千万个新的病毒。寄主细胞成为病毒工厂,制造出敌人杀害其他同类细胞。

　　朊毒体(即蛋白质感染因子)的构造比病毒更简单。朊毒体是能进行复制与侵染的蛋白质颗粒,由于数量实在太少,科学界长久以来都不相信有这种东西存在。朊毒体会在中枢神经系统、眼部和扁桃腺内聚集,能引发"疯牛病"(牛海绵状脑病)和人类的克罗伊茨费尔特–雅各布症(简称克雅氏症)。朊毒体是生物界最难摧毁的粒子,能够耐受煮沸、冷冻、消毒,还不怕强烈化学物品。近来发明了一种可以让朊毒体丧失机能的酶,不过迄今这种酶的用途还很有限。

总结

　　各类微生物大小不同，形状各异，生活方式也千变万化。而分辨病原体品种是治疗感染性疾病的第一个重要步骤，这些差异正好有利于我们鉴识微生物种类。病菌理论是认识细菌细胞的重大进展，微生物学能有今日之成果，必须归功于这一理论，而生物染色的应用和显微镜的完备发展也都很重要。家中所有物品表面，还有人体体表，几乎都找得到微生物的身影，这是五秒法则的第一原则，若失手把饼干掉落地面，饼干大有可能沾上各种细菌或好几种霉菌。

第二部分

上了新闻的微生物

看，却不观察。这之间的差别是很清楚的。

——阿瑟·柯南·道尔爵士

(Sir Arthur Conan Doyle)

人们往往认为，微生物是一群神秘的"病菌"，它们微小得看不见，有时又很危险。只有当它们让牛奶变质，或引发难闻恶臭时，才不再神秘。我们很少深思微生物在我们的生态环境中扮演了哪些角色。当微生物发挥功能且让人得知其存在时，经常会被视为有害生物。

人类很少赋予这种微小生物本该享有的敬重。微生物介入地表所有生物反应，而且在人类出现前 3 亿多年间，就不断发挥着这类功能。它们在地球上碳、氮、硫等成分的再循环过程中发挥重大影响，也为所有高等生物补充必要养分，它们还消化废物、中和环境毒素。美国马萨诸塞州伍兹·霍尔海洋生物学实验室的微生物学家胡伯尔（Julie Huber）做了一个总结说明："微生物是地球的驱动力量。"

而微生物的数量同样未受到应有的重视。与地球上所有多细胞生物总重量相比，微生物的总重量约为其 25 倍！

　　主要的微生物类群不只展现完全不同的形状，大小也有天壤之别（图2–1），同时它们的代谢作用（指养分运用和维持生存必须进行的种种生物活动）也各具不同类型。针对每个类别了解一些知识，可以帮我们作出较正确的决定，也才得以与身边的病菌和平共处。例如，当人们不明白细菌和病毒的基本结构和生物学差异时，他们或许就会要求医师开抗生素处方，但实际上他们却是受了流感病毒的侵染，抗生素可以抑制病菌生长，却对病毒无效。过去 50 年间抗生素的滥用与误用，已经使细菌发展出许多抗生素耐药品种。此外，感染性疾病的症状与根本病因的关联微妙难定，就连医师偶尔都会误诊。从了解微生物的生活方式等相关知识到得以指认致病元凶，还有一段遥远的路程。

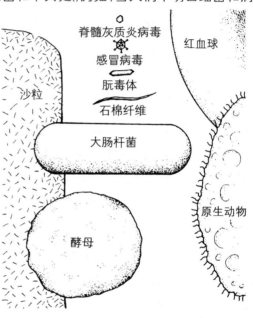

脊髓灰质炎病毒　红血球
感冒病毒
朊毒体
石棉纤维
沙粒
大肠杆菌
原生动物
酵母

图 2–1　微生物个体大小差别很大。
（插图作者：Peter Gaede）

　　于是，临床微生物学家和医师必须全面动用他们对微生物学的分类知识，才能正确鉴定病原体，然后开出处方来杀死病菌。同样，食品微生物学家也必须知道可能污染食品的微生物类别，才有办法设计出有效的防腐保存系统。微生物学所有分支的专家都必须更深入了解微生物，仅认为它们是普通的"病菌"还不够。这也有益于人们认识不同类别的微生物、明白它们如何以不同作用影响日常生活。

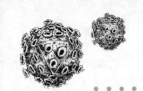
细菌

细菌是新闻题材的常客。细菌会引发各种症状,如肠道菌类导致肠胃炎和腹泻、志贺氏菌(*Shigella*)引发痢疾、链球菌引发咽喉炎和耳炎、葡萄球菌引发肺炎和毒性休克综合征、奈瑟氏菌导致淋病、密螺旋体(*Treponema*)导致梅毒,此外细菌还会引发其他几百种疾病。食物中含有好几类致病细菌,从令人不快的到要人性命的都有。人体表面和消化道中也都有细菌,除非受到干扰,出现新的情况,它们是没有害处的。举金黄色葡萄球菌为例,这种球菌平常栖居鼻孔中,然而若是偶然接触到身体其他部位的伤口,它们就会引发很难治疗的严重感染。另一个常见的案例是大肠杆菌,大肠杆菌是消化道的常客(固有菌群),但若在其他地方发现它们的踪迹,这就表示卫生措施不当,有可能因身体接触而感染致病,或吃了受污染食物而生病。

身体各处的原生微生物都有偏爱的生长位置,如肠、鼻孔、外耳道、头皮、生殖器、双脚、皮肤表面和指甲。另外有些则在住家内部和四周定居:地毯和窗帘、浴室的潮湿表面、排水管、自来水、庭院土壤、宠物,甚至包括从杂货店买回来的所有食品。只要有水,温度适宜,再加上养分,细菌就可以在居室中长期生存。若是温度、食品和水分条件妥当,它们会迅速增殖。就食品中所含的病原体而言,往往只需要几个小时就能大量增殖了。

大肠杆菌

这里就直接探讨微生物界最热门的新闻角色——大肠杆菌。大肠杆菌是细菌界明星,最常上报纸头条。在近年的轰动热潮之前,大肠杆菌早在实验室中扮演实验推手角色。科学家通过研究这种微型生物,了解到许多其他细菌的知识。尽管素负恶名,大肠杆菌在自然界并不扮演重要角色,它只栖居在人类和动物的消化道中,在其他地方则找不到。就生长机能和感染能力而论,大肠杆菌并没有特殊本领,因为很容易在培养皿中生长,才成为实验室的热门研究对象。在这方面大肠杆菌非常像人类,它们与友好的人类很合得来,而与过分注意保养的人相处不好。

大肠杆菌的相貌像根粗肥的香肠(状似芽孢杆菌),体长约 1 微米,体表长满凸出构造(图 2-2),这种延伸物称为纤毛,可以帮助它附着于各式黏膜(诸如鼻腔和肠壁)。每个大肠杆菌细胞外表都长了几百根更小的毫毛,称为性菌毛,大肠杆菌个体可借由性菌毛来传递遗传信息。大肠杆菌属于革兰氏阴性菌,很容易用消毒剂杀死。大肠杆菌会消耗氧气,不过不需氧气也能生存。大肠杆菌可以从消耗氧气的有氧代谢切换到另一种方式,也就是不需氧气也能生成能量的厌氧代谢(也称无氧代谢)。大肠杆菌等肠道细菌对人体有益,原因之一是它能供给维生素 K(可帮助血液凝结)和某些维生素 B(参与提供能量)。

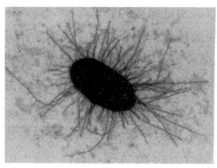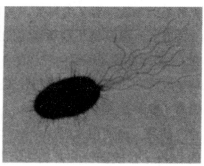

图 2-2 　(左图)大肠杆菌外表长了几百根纤毛,可以用来附着于肠壁;放大倍率:×6105。(右图)假单胞菌(*Pseudomonas*)是常见的水生细菌,它借纤毛和大型鞭毛运动;放大倍率:×3515。(著作权单位: Dennis Kunkel Microscopy, Inc.)

研究人员使用大肠杆菌进行遗传工程作业,让它吸收其他细菌的DNA,以生成独特的新品系。大肠杆菌的 DNA 是种圆形分子,包含 2000 多个基因,人类 DNA 则拥有 2 万—2.5 万个基因。大肠杆菌很容易培养,只需水、葡萄糖、盐(氯化钠)、磷酸铵(氮源)、磷酸钾和硫酸镁就能生长。若培养

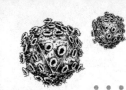

26

分钟	细胞数量
接种	.
20	..
40	....
60	....
100	....
300	32 768
360	262 144
420	2 097 152

图 2-3 若一个细菌每隔 20 分钟数量倍增,过了 7 个小时便可以得到 2 097 152 个细胞。(插图作者:Peter Gaede)

温度设定为 37 ℃,大肠杆菌细胞数量约每隔半小时会倍增,因此微生物学家只要培育几百个大肠杆菌细胞,隔天上午便能得到几百万个(图 2-3)。

所有其他细菌都至少具备一些大肠杆菌的特征。它的近亲菌类包括沙门氏菌(*Salmonella*)、沙雷氏菌(*Serratia*)和志贺氏菌,全都属于肠类细菌(可见于肠道内部),行为也都相仿。亲缘关系较疏远的种类(革兰氏阴性菌)的结构和生长要件也与大肠杆菌雷同,不过它们具备了大肠杆菌没有的特点,这类例子包括弧菌(运用弯曲形状在水中游动)和硫珠菌(*Thiomargarita*,在含硫的泥中生长,大小达 0.75 毫米,肉眼可见)。此外还有与大肠杆菌亲缘关系更疏远的种类:梭菌会形成芽孢;根瘤菌(*Rhizobium*)帮植物吸收空气中的氮;绿菌(*Chlorobium*)能进行光合作用。

微生物多样性

科学家并不清楚地球上有多少种细菌,估计种数少说达 6 位数,多可达数兆。美国普林斯顿大学一位地球科学家曾经估计,区区一小勺土壤里面就有超过 50 万种细菌。地球上的微生物并没有完全经过鉴识、命名,事实上,经过微生物学家辨识的种类远不及总数的 1%。目前我们认识的微生

物约 6000—10 000 种,环境科学家仍在不断发现新的微生物,认识它们的
特性,累积相关知识,了解发生在我们环境中的生物学进程。

　　单从统计资料上了解不到多少重要的微生物知识。家中厨房料理台上
不会只栖居单一种类的微生物,其他地方更是混杂了各种细菌、霉菌和霉
菌孢子。这些微生物的专有名称无关宏旨,真正重要的是它们在日常生活
当中所起的作用。不过,我们还是有必要记住其中几个名字。

重要的细菌

沙门氏菌

　　沙门氏菌是杆状运动型细菌,也是常见的消化道固有菌类,尤其在家
牛和家禽的体内特别普遍,也栖居在宠物陆龟和爬行动物身上。人类通常
从受污染的肉类和家禽制品直接染上沙门氏菌并罹患病症。不过,沙门氏
菌偶尔也出现在其他食品中,最近几次疫情就来源于其中几种,包括牛奶、
冰激凌、含奶油馅的点心、花生酱、蛋类、海鲜和牛肉干等。一旦沙门氏菌污
染厨具表面、水或食品,就会带来危害。栖居肠壁的沙门氏菌死亡、分解后
会释放出一种毒素,这种毒素会引发沙门氏菌综合征,包括恶心、呕吐和腹
绞痛等症状,还可能导致发热、头痛和腹泻。美国每年有 200 万—400 万起
沙门氏菌病案例。

　　沙门氏菌中有一类称为伤寒沙门氏菌(*Salmonella typhi*),会导致特别
严重的沙门氏菌病——伤寒。1906 年,一位活泼好动、行踪不定,名叫玛丽·
马伦(Mary Mallon)的坏脾气女子受雇在美国纽约市郊担任厨娘。这位马伦
小姐的卫生习惯恐怕不是很好。不久,纽约市内及周围的伤寒病例开始增
加,公共卫生官员费了不少工夫,调查追踪流行病暴发的源头,发现所有线
索都导向玛丽。他们查核玛丽过去 10 年的经历,发现她曾为 8 个家庭料理
餐饮,其中 7 户人家都有人罹患伤寒。玛丽被解雇后,官员开始缉捕她,于
是她离城遁逃,再也没人见过她的踪影。她改用不同姓氏,在各城市间往来

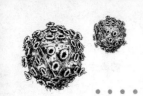
搬迁,期间偶尔打些零工,接着在一年之后悄悄回到纽约。

　　不久,或许是新身份发挥功能,她找到一份工作。玛丽进入一家医院担任厨娘。3个月间,25位医师、护士染上伤寒,其中两位病故。负责这起案例的一位公共卫生调查员着手追踪病源,把这家医院厨房列入第一批勘查目标。试想这位调查员亲眼见到玛丽时,他会有多惊讶!报纸给她取了"伤寒玛丽"的绰号,这使她更恶名昭著,于是她又遭解雇并被迫离家。只要有人肯听她说明,她都辩称自己和伤寒毫无瓜葛,吃了她烹调的食物的人,全是因缘凑巧才生病。纽约政治家知道眼前正酝酿一起公众灾难,但他们却左右为难,不知道该如何公平对待玛丽。经过激烈争辩,他们把伤寒玛丽放逐到东河上的一座小岛上,此后23年她都住在那里,和外界隔绝,直至死亡。玛丽为何没有染上伤寒?这个问题始终没有得到解决。伤寒玛丽"留名青史",这属于罕见案例,她是伤寒沙门氏菌携带者,本身却不曾遭受这种微生物的侵害。

葡萄球菌

　　金黄色葡萄球菌(*Staphylococcus aureus*,有时也简写为 *Staph aureus*)是葡萄球菌属的著名成员(图2-4)。这种葡萄球菌在干燥的环境中可以活得很好,而它几乎只见于鼻中。它可以借食物携带造成感染,不过较常污染皮肤创伤和割伤的伤口。由于过去几十年来大量使用抗生素,金黄色葡萄球菌已经出现抗生素耐药变种,称为抗甲氧西林金黄色葡萄球菌。尽管冠上"抗甲氧西林"之名,其实它也能耐受其他抗生素。这种情况特别常见于医院、养老院和日间托育机构。

　　1980年,金黄色葡萄球菌曾引发一种称为"中毒性休克综合征"的新疾病。微生物通过在某些卫生棉条的吸收纤维上迅速增长,进而感染使用者。当时受污染的棉条虽然立刻从市场下架,却已经有800名妇女受到了感染,其中有40名不幸丧生。

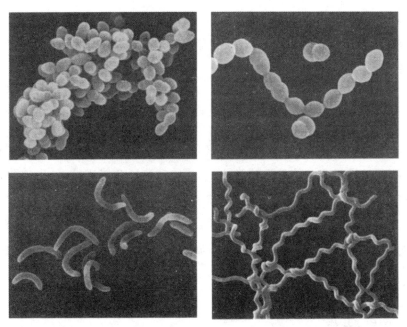

图 2-4　病菌各具不同形状,代表它们拥有的不同基因。形状、革兰氏染色表现、DNA组成,以及是否消耗糖类和氨基酸,都是鉴定病菌种类的要素。(左上图)金黄色葡萄球菌;放大倍率:×3025。(右上图)肺炎链球菌;放大倍率:×3750。(左下图)霍乱弧菌;放大倍率:×2050。(右下图)钩端螺旋体(*Leptospira interrogans*);放大倍率:× 4000。(著作权单位: Dennis Kunkel Microscopy, Inc.)

大肠杆菌

　　就在此刻,你的消化道中就有无数大肠杆菌的身影,但是这些大肠杆菌并不会让你生病,因为你的免疫系统认得它,知道它是自己体内的常住居民。不过,来自其他人或动物的大肠杆菌就会引发重病了。大肠杆菌以食物传染最为人熟知,其实它和某些尿道感染也有关系,而且还常有人认为,大肠杆菌是旅行者腹泻症的起因,可借由食物或饮水感染。

　　大肠杆菌又分为好几个专业亚株,各采用不同方式造成破坏。它们的致病方式包括:(1)释放毒素破坏肠壁;(2)侵入肠细胞内;(3)两种方式兼具;侵入肠上皮细胞并释放毒素造成严重伤害。

　　近来,有种称为 O157:H7 型大肠杆菌(简称 O157,字母和数字用来描述细菌外表面的结构)的亚种,成为生鲜食品和肉类(如汉堡包)的安全威胁。O157 会侵入人体的肠壁细胞,在那里释放毒素,引发严重发炎和出血,这种病症称为肠道出血性感染症。

链球菌

链球菌(*Streptococcus*)呈圆形,它们导致的疾病种类多过所有其他微生物。咽喉炎是其中一种常见较轻的病症。链球菌还会造成蛀齿、扁桃腺炎、猩红热和风湿热。近年来,坏死性筋膜炎病例增加,其病原体就是化脓性链球菌(*Streptococcus pyogenes*),别称"噬肉细菌"。电视节目"芝麻街"的布偶发明者亨森(Jim Henson)就是因为感染上一种会释放毒素且能高速增殖的链球菌,于 1990 年病逝。

李斯特菌

单核细胞增生性李斯特菌(*Listeria monocytogenes*)经常污染软奶酪等乳制品。这种李斯特菌偏爱寒冷气温,即使在冰箱内冰冷的环境中仍可以在食品上活得很好,若在户外则能存活好几年。李斯特菌被摄食消化之后,便进入体内淋巴液和血液中,引发李斯特菌症。轻度感染特征为恶心、呕吐和腹泻。较严重病例可能导致败血症(血液感染)、脑膜炎、脑炎和宫颈感染。

弯曲菌

这是一种会引致食源性疾病的生物类群,最常见于肉类制品中。生鸡肉和生牛肉几乎全都可能受弯曲菌(*Campylobacter*)的污染。

志贺氏菌

志贺氏菌(*Shigella*)是大肠杆菌的近亲类群,不过只见于体内。这种细菌的毒素称为志贺氏毒素,能引发严重腹泻或痢疾。非常小剂量的志贺氏毒素也会带来危害,因此被认为是种潜在的生物恐怖行动威胁。

梭状芽孢杆菌(梭菌)

有些微生物在严苛环境下能转换为几乎无法摧毁的芽孢,这类菌群分两大属,其中之一就是梭菌属。肉毒杆菌(*Clostridium botulinum*)是能致命的微生物,在 pH 呈微酸的罐头食品中经常找得到它们。肉毒杆菌会分泌神经毒素(攻击神经细胞的毒性化合物),所引发的疾病称为肉毒中毒,主要症状是造成瘫痪。这种神经毒素也成为整形美容药物"保妥适"(Botox)的活性成分,造福许多爱美人士。其他类梭菌包括引发破伤风的破伤风杆菌(*Clostridium tetani*)和引发坏疽的产气荚膜杆菌(*Clostridium perfringens*,另译气性坏疽梭状芽孢杆菌)。

芽孢杆菌

芽孢杆菌(*Bacillus*)是另一类会形成芽孢的主要菌属。当环境变得太热或太干,或当它们感测到危险化学物质时,它们的细胞就会转为芽孢。有些芽孢杆菌种类会污染食品,由于它们能转为芽孢,因此特别不容易杀死。另外有些种类已经纳入农业用途,还用来清除环保超级基金(Superfund)各辖区的毒性,这些区域是美国风险最高,而且经国会强制规定清理的废弃物堆积场。

幽门螺杆菌

幽门螺杆菌(*Helicobacter pylori*)和胃溃疡、十二指肠溃疡以及胃癌都有关联,这个发现也让它声名大噪。这种杆菌的细胞都呈弯曲形,不过在单一菌落当中,往往呈各式形状交杂(这种现象称为多形性)。它们运用短鞭毛在消化液中游动,能适应胃内的极端酸性环境,多数细菌在这里都会丧

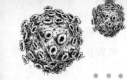

命,但幽门螺杆菌能进入胃中,穿透胃壁上皮并引发溃疡,接着便在那里繁殖。

军团杆菌

就像幽门螺杆菌,军团杆菌(*Legionella pneumophila*)也在看似并不适宜的地方安居。这种生物会导致军团杆菌病和庞蒂亚克热等肺部病症。军团杆菌能在溪水中存活,不过也见于医院和游艇上的输水管道中,而且在增湿器和空调组件等潮湿处所都找得到它们的踪影。军团杆菌生性狡猾,它们会栖身水生变形虫细胞内部,因此很难在水样检体中被找到,而且处理难度很高。

乳酸杆菌

乳酸杆菌(*Lactobacillus*)为食品工业做出许多贡献,可以用来制作德国酸菜、腌渍食品、白脱牛奶和酸奶等多种食品。乳酸杆菌生长时会制造乳酸,这种酸性制品会抑制其他细菌生长,创造出没有竞争敌手的优良环境,供乳酸杆菌兴盛繁衍,其酸性也有利于食品的保存。

分枝杆菌

结核杆菌(*Mycobacterium tuberculosis*)是结核病的病原体,属于分枝杆菌属(*Mycobacterium*)。它巧妙地入侵身体,暂时藏身白细胞中,并随之转移到肺部,接着就在那里大肆破坏。分枝杆菌的外壁富含脂肪,这对它们有两种好处:脂肪帮分枝杆菌抵御抗生素,而当细胞暴露在空气中时,脂肪还能防范脱水。由于这种微生物借空气传染,因此它在穿越鼻腔时,依旧具有致病能力。

大肠菌群

大肠菌群泛指一群细菌,不专指某个种类。它们见于植物表面和土壤中,动物消化道中的粪生大肠菌群中也包括大肠杆菌。寄到城乡用户家中的自来水水质报告书中,都会列出总大肠菌类指数。高大肠菌数代表水中或许含有其他更危险的菌类。美国环境保护局 (Enviromental Protection Agency, EPA)明令,经过处理的饮用水,每100毫升(约 7 调羹液量)所含大肠菌数量必须为 0,但偶尔也可能发现水中含有少量大肠菌(少于检定出的总细菌数之 1%)。至于运动娱乐场所用水,则每 100 毫升所含粪生大肠菌数不得超过 199 个;若高于这个标准,那么你最好重新考虑是否要去那处海滩游泳了。

细菌的特殊能力

细菌采用多种求生方法来适应异常情况或场所,而且由于一代代繁衍很快,细菌能适应周遭环境迅速演化。然而,细菌和其他微生物起初并不是特别想伤害人类,它们借由适应作用,偶尔也有办法与人类或动物寄主和平共处(表 2-1)。不过,许多适应作用确实会引发严重病症。例如,有些葡萄球菌会制造凝血酶,这种酶能凝结血液。万一伤口处有凝血酶菌群聚集丛生,凝结的血块就会构成一道屏障,阻隔身体的免疫系统,于是葡萄球菌便能肆无忌惮任意破坏。

表 2-1　细菌适应性实例

细菌的名称	适应性	特长
大肠杆菌、金黄色葡萄球菌、破伤风杆菌	质粒,一种细小环状 DNA	具有耐药基因和制造毒素基因
梭状芽孢杆菌和芽孢杆菌	芽孢型	抗热耐冷,还能耐受化学物质
棒杆菌 (Corynebacterium,能引发痤疮)	许多不同形状(多形性)	一种结构反常现象,并非适应性;目的不明
密螺旋体 (能引发梅毒)	螺旋钻形状	游动

34

（续表）

细菌的名称	适 应 性	特 长
变形杆菌 (*Proteus*,能引发尿道感染)	许多鞭毛(周鞭毛)	成群浮游运动
趋磁水螺菌	含氧化铁质磁体	运动用途或用来防范氧化性物质的侵害
假单胞菌 (*Pseudomonas*)	具黏液或生物薄膜层,即多糖被	黏附在流动液体或流水中的物质表面
突变链球菌 (*Streptococcus mutans*)	葡聚糖蔗糖酶(Dextransu-crase enzyme,能引发蛀牙)	在牙釉质上生长
纳米比亚嗜硫珠菌 (*Thiomargarita namibiensis*)	依大小分类(使硫产生氧化作用的细菌)	细胞具有巨大液胞,在养料匮乏时能"忍饥耐渴"
盐杆菌 (*Halobacterium*)	能在浓度非常高的含盐环境中生存	在大盐湖中生长
硫杆菌 (*Thiobacillus*)	能在酸性环境中生存	在矿坑排水道中生长
火球菌 (*Pyrococcus*)	能在高温环境中生存	在 100 ℃的温泉水中生长
嗜压菌	能在高压环境中生存	在深海中生长

霉菌和酵母

每克土壤(比一块方糖还小)所含真菌细胞、孢子和菌落总数可高达百万以上,而且它们的总质量远超过所含细菌的总质量。它们可以降解全球有机废弃物;如果没有它们,我们大概都要被有机垃圾掩埋。真菌类包括多细胞类和单细胞类。酵母是单细胞类真菌,通过出芽生殖来繁衍新生代,新的细胞就是个芽蕾。以肉眼观看霉菌和霉斑,它们就像一团绒毛,这些多细胞微生物会释出单细胞的孢子,随空气飘走,这是它们繁殖历程的一环。纤细的真菌孢子比面包霉菌和浴室内的点点霉斑对人体的影响更大,因为它们会造成感染并引起过敏反应。

真菌细胞拥有许多和人类共通的特性:都属于真核生物,细胞都具有明确的内部结构。真菌疾病有时比细菌疾病更难医治,这是由于真菌细胞和哺乳纲动物细胞雷同所致。能杀死真菌的药物,也往往会伤害人体的某些细胞。

看看我们的冰箱,有时居室内的真菌会让冰箱内如同危机四伏的狩猎场所。冰箱内的寒冷环境和庭院的土壤,都是真菌的优良生存场所,它们会尽其所能善用周遭些许湿气,从土壤、盐水和淡水中吸收养分,也能由动物、人类皮肤摄取养料。

霉菌有丝状长条构造,称为菌丝,能长出内含孢子的孢子囊。它们的孢子释放之后便借空气飘往远方(霉菌的孢子用于繁殖,和芽孢杆菌、梭状芽孢杆菌的细菌型芽孢不同)。

当真菌孢子落在某处表面,而且得到有利于生长的充分养料和适宜湿度,便开始长出平日常见的多细胞"巨兽"。由于新的孢子大量被释入空气中,因此霉菌可能增长得十分迅速。

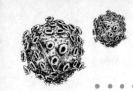

我们对于酵母的日常影响了解较少。它们有些是人体内的常住居民,而且只有当数量增长到足以引发感染时才会带来麻烦。其他多种酵母都用来生产食品。尽管一般吃进肚子里的食品中,没有几样含有活体酵母,不过我们编列食谱时,几乎不可能完全排除用酵母生产的食品,如面包、烘焙食品、葡萄酒、啤酒和加醋色拉酱等。

以消毒剂杀死细菌比较容易,杀死霉菌就难了。酵母很容易以消毒剂消灭,不过一旦进入体内造成感染,这时它就像霉菌一样,很难根治。

研究真菌既是一门科学,也是一门艺术。虽然用来鉴定细菌品种的科学研究已经有进步,多数细菌却依旧不为人知,而我们对真菌的认识更为粗浅。目前仍只有几种鉴定真菌种类的检测法,因此对环境中的霉菌进行研究是一项挑战,某些真菌感染可能因为诊断艰难而导致治疗延宕。以低倍率显微镜观察霉菌的技术已经问世百年光景,让人惊讶的是,一位真菌学奇才竟然能以这种方法练就熟练本领,鉴定霉菌和它们的独特孢子。

重要的真菌

青霉菌

青霉菌因为能制造青霉素,博得了霉菌界超级巨星头衔。青霉素被发现后不久,便在第二次世界大战中发挥重要作用,说不定还因此而促使战争提早结束。美军战场上的伤兵都以这种新的"灵丹妙药"来治疗感染,而轴心国部队的补给不足,伤兵因感染致死率较高。于是,青霉素被视为扭转20世纪40年代历史进程的关键因素之一。

青霉菌在室温和较低温环境下生长,嗜好各式各样的食物,包括面包和水果。它的菌落肉眼可见,颜色从蓝绿、淡灰到黄绿色都有。

曲霉菌

曲霉菌(*Aspergillus*)是青霉菌的近亲,可用来制造酱油,不过当它污染蔬果和花生时,也会带来麻烦。曲霉菌的孢子随微风四处飘荡,若大量吸入这种霉菌的孢子,会引发从轻微到严重的呼吸系统感染。堆肥有可能隐含大量曲霉菌孢子,因此园丁常因吸入而引发感染。黄曲霉菌(*Aspergillus flavus*)会制造一种毒素,称为黄曲霉素,数据显示,肝癌与摄食这种毒素有关。在全球许多地区,由于庄稼经常受到霉菌严重污染,因此居民健康深受黄曲霉素危害。在布满灰尘的建筑和谷仓内,或者干燥草堆、谷物堆附近,很可能含有大量经空气传播的孢子。在这些场所工作时最好戴上面罩,把口、鼻两个部位都遮盖起来,以免吸入大量孢子。

居室内的黑曲霉菌(*Aspergillus niger*)不难辨认,呈黑色,生长在浴缸、瓷砖表面和瓷砖间隙中。

念珠菌

白色念珠菌(*Candida albicans*)是一种酵母,属念珠菌类,会引发妇女念珠菌病,并导致成人或幼童患霉菌性口炎"鹅口疮"。念珠菌可见于皮肤表面,由于平常皮肤上便有许多细菌栖居,因此酵母数量受到控制。然而当服用抗生素来对抗细菌感染,细菌数量减少时,念珠菌(属于真菌类,因此不受抗生素影响)的数量便会增长,最后长满黏膜组织,发展成讨厌的不适感染。

发癣菌

提到发癣菌(*Trichophyton*)就会想到"香港脚"。这种霉菌最擅长侵袭人体并长期居留。就像皮癣菌类(*dermatophyte*,侵袭皮肤、毛发和指甲的真菌)的许多种类,发癣菌也很难消灭,因此采取预防措施是比较实际的做法。例如,在体育馆寄物间要穿着拖鞋,就算淋浴时也别光脚。

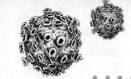

葡萄穗霉菌

葡萄穗霉菌(*Stachybotrys*)曾在某一社区遭洪水肆虐之后登上新闻版面。它在洪水淹过的表面四处蔓延,还侵入潮湿墙面。身体不适常与建筑物遭受葡萄穗霉菌感染有关。葡萄穗霉菌俗称"黑霉菌"或"毒霉菌",会释放出一种霉菌毒素(这是个泛称,指霉菌释放出的所有有毒化合物)随空气飘散,导致严重呼吸系统不适和过敏反应。葡萄穗霉菌带来的健康威胁并没有比以前更严重,不过有关"霉菌感染"建筑的诉讼案例却日渐增多。请注意,建筑物"遭受感染"和人类受感染是不同的,正确的措辞应该是,葡萄穗霉菌对建筑"造成损坏"。

霉斑

霉斑是个泛称,描述霉菌在潮湿表面生长的可见霉层。皮革、纸张、纤维、水果和植物最容易受霉斑侵袭,在外表留下污斑或造成永久损坏。曲霉菌和青霉菌是常见的住家霉菌,也成了霉斑的同义词。

家中的霉菌几乎全都来自户外,而且在夏季和秋季长得最为浓密。检测结果显示,美国境内户外霉菌孢子数量最多的区域包括西南部、沿太平洋西部地区和东南部,至于在北部、东北部和新英格兰地区数量则较少。尽管某些真菌会造成损坏或危害健康,但其实也为人类带来了许多好处。除了分解土壤中的废弃物质,促成养分再循环,酵母和其他一些真菌还帮助制造许许多多的食物,并能用来制造药物和工业用酶。

原生动物和藻类

　　原生动物(包括变形虫)和藻类常被拿来当作标本,供课堂教学使用。用显微镜来观察它们的运动十分有趣,变形虫在水生环境中悄悄移行时会不断变换形状,它们的细胞内有清楚的胞器(胞器是真核生物细胞的细小特化部位,好比细胞核就是种胞器),这是细菌所没有的结构。

　　和变形虫相比,其他原生动物的形状或许比较固定,不过,它们在必要时也能压缩、延展,向想去的地方移动。原生动物并不栖居在住家器物表面,鱼缸内部是它们的常见室内栖所。肠道内也居住了好几种原生动物,这并不会引发问题,因为它们能够帮助消化食物,但效能低于肠道细菌。

　　原生动物感染较常见于若干地理范围,比如卫生条件差或能携带原生动物的昆虫数量密集区域。这类感染常肇因于饮用未经处理或经过局部处理的饮用水,从而喝下好几种原生动物,包括贾第鞭毛虫(*Giardia*)、隐孢子虫(*Cryptosporidium*)、痢疾阿米巴原虫(或称"溶组织内阿米巴原虫",*Entamoeba histolytica*)、环孢子虫(*Cyclospora*)、肠袋虫(*Balantidium*)和耐格里阿米巴原虫(*Naegleria*)。有些昆虫可以携带原生动物,传给人类造成感染,这些昆虫包括携带利什曼原虫(*Leishmania*)的白蛉(也称沙蝇)、携带锥虫(*Trypanosoma*)的舌蝇和携带疟原虫(*Plasmodium*)的疟蚊,疟原虫是疟疾的病原体。

贾第鞭毛虫和隐孢子虫

　　和世界其他地区相比,北美洲的原虫性疾病比较罕见。然而,美国境内

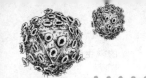

有两类十分常见的寄生型原虫：贾第鞭毛虫和隐孢子虫。两类原虫病都是由饮用未经过滤的溪水而传染的，这会引发严重的肠道不适，而且持续好几周。原虫来自野生动物和家牛粪便，而河狸一向是和贾第鞭毛虫关系最密切的动物。根据资料，在多种动物排泄物中都曾发现隐孢子虫，不过，其中最主要的源头或许是家牛，因为社区往往都朝着农牧区附近扩展。

贾第鞭毛虫很难被诊断出来，不过一旦诊断为贾第鞭毛虫感染，便可以施用甲硝唑和盐酸喹喃克林进行药物治疗。贾第鞭毛虫细胞会紧紧附着于肠壁，若不予处理便四处蔓延，妨碍养分吸收。贾第鞭毛虫综合征包括心神不宁、身体虚弱、恶心、胀气、腹绞痛和体重减轻。

隐孢子虫的生命周期中有个孢囊阶段，其孢囊十分强韧，能够耐受严苛环境。隐孢子虫也很能耐受氯，长时间接触氯才会死亡（必须接触几小时，几分钟是不够的）。1993 年，隐孢子虫因为让 40 万人感染疾病而上了新闻，还在密尔沃基市暴发疫情，造成 100 人死亡。那次疫情是在一段大雨期之后暴发的，由于水量超出当地水厂处理的负荷，导致社区饮水过滤不当才引发流行。

贾第鞭毛虫和隐孢子虫都是大型微生物（隐孢子虫直径约 7 微米，贾第鞭毛虫则为 10—12 微米），采用过滤法就可以有效滤除这两种原虫，效果优于加氯法。倘若作长途徒步旅行或从事勘探，非得从林间小溪直接取水饮用，可以从露营用品店购买经过认证的过滤设备来使用。

藻类

藻类跟霉菌一样，可以根据其形体特征来区别种类，同样也分为多细胞和单细胞类群。常见于鱼缸和鸟类水盆中的藻类，多为单细胞的绿藻类和"蓝绿藻类"。不过这里有个问题，蓝绿藻类这个名称会使人误解，其实蓝绿藻是一类特化的细菌，能吸收氮并借光合作用制造氧，蓝绿藻类的专有名称为蓝藻目（Cyanobacteria）。

　　绿藻生长在光照下的水中。玻璃杯或透明塑料容器,如鱼缸与鸟类水盆也很容易受绿藻污染。绿藻类非常强健,就算容器内水分干涸了好几周,它们依旧能够存活。只要再添水,绿藻又会蓬勃繁衍。绿藻会产生一种毒素,有可能伤害鱼类和鸟类。有些灭藻产品能杀死绿藻,不过只是暂时有效。在水盆中摆放几个铜币便可以抑制绿藻,而且不伤害鸟类。在鱼缸中养几条吃藻类的鱼也有帮助。另外,经常换水可以降低营养含量,让藻类生长维持在最低程度。

　　当我们在海中游泳时, 其实就是泡在满是细小藻类生物的汤水之中,而这类生物全都属于浮游生物和硅藻类。这两类生物都有坚硬的细胞壁,细胞壁内含纤维素,因此浮游生物十分强健。硅藻具有硅质坚硬外壁,除海洋之外,硅藻还可以在岩石、植物表面生长,而且在干旱或富含石灰岩地区的中性到碱性土壤中(也就是丁香和香草的生长范围)也见得到它们。硅藻的样子有点像雪花,构成自然界最细致、精美的造型(图 2-5)。

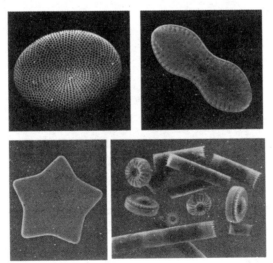

图 2-5　硅藻属于藻类,也是种浮游生物,可以在海水和淡水中自由漂荡。它们的不同构造都由两类相互匹配的组件,像锁和钥匙般密切扣合在一起。(左上图)直径121微米。(右上图)45×13微米。(著作权单位:Kenneth M. Bart)(左下图)放大倍率:×345。(右下图)放大倍率:×100。(著作权单位:Dennis Kunkel Microscopy, Inc.)

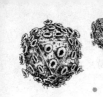

尖刺拟菱形藻(*Pseudonitschia pungens*)是一种重要的藻类,它会制造软骨藻酸致命毒素。摄食尖刺拟菱形藻的贻贝体内便有这种化合物,曾有人食用这种贝类中毒丧命。美国西海岸就有许多海鸟和海狮因软骨藻酸中毒而死,应引起警觉。

病毒

　　病毒的结构非常简单,细菌和原虫体内见得到的结构,病毒大半都没有。病毒演化至今并没有完备的繁殖器官,无法自行繁衍后代。它们必须侵染动植物寄主才能繁殖(有些病毒还能侵染细菌,称为噬菌体),因此有人认为病毒是"终极寄生生物"。病毒只是由蛋白质包覆的几股 DNA 或 RNA,而且当它们进入寄主细胞,连蛋白质衣壳都会褪除。一旦进入寄主体内,它们只保留惹麻烦的必要本领。

病毒基本知识

　　病毒与细菌、原生动物不同,它们无法独立在自然界存活。其实这种终极寄生物应该称为绝对寄生物才比较准确,意思是它们必须仰赖其他生物才能存活。当寄主把病毒释入水中或食物中,或者沾染到水龙头开关等无生命物体表面,这些物体就变成感染源。

　　感染人类的病毒,有许多一开始都寄生在动物寄主身上。如禽流感和猪流感所显示的,病毒从寄主转移到抵抗力薄弱的人类寄主,这种现象称为物种跳跃。上呼吸道感染是最常见的病毒性轻症,其后就是感染胃肠道的病症。

　　有些病毒在生物体外"闲置"期间依然具有感染性,其中一个例子是常在日托机构感染散播的轮状病毒(rotavirus)。除污染食物之外,轮状病毒还可借由玩具和地板侵染儿童。其他类型病毒在生物体外就不能存活那么久了,艾滋病的病原体 HIV 就是一例,若是具有感染性的病毒意外落于浴室

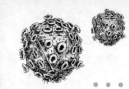

44

瓷砖上或厨房料理台上，只要使用消毒剂就能轻易杀死。少数几种则稍显顽强，包括感冒病毒和甲型肝炎病毒。稍后你就会知道，倘若你怀疑附近有病毒存在，那么遵循消毒剂罐上的使用说明就很重要了。

病毒的作用强弱不等，好比某些乳头瘤病毒（papillomaviruse）会导致皮肤疣，另外有些则是危险病原体，如人乳头瘤病毒就是宫颈癌的主要病因。有些病毒甚至会致命，如埃博拉病毒。而潜伏的病毒更是麻烦，因为它们可以在身体组织内藏匿非常久。疾病的潜伏期让医师很难推断病人究竟是在何时何地染上病毒的，感染时间有可能是几个月前、几年前，甚至几十年前。疱疹病毒类会长期隐藏在神经里，过了许久才引发带状疱疹、性病、口疮、皮肤感染或严重的神经系统疾病。

病毒小档案

• 病毒的大小为细菌的 1/50，动物细胞的 1/2000，针头的 1/16 000。扫描式电子显微图和 X 射线晶体学等特殊技术，都能用来观察病毒机巧的亚微观世界。

• 一种特定病毒导致感冒的发病率几乎不可能计算。鼻病毒的种类超过 100 种，而且有千变万化的组合方式，免疫系统真的难以招架。此外，至少有 30% 的感冒是由冠状病毒感染造成的，这类病毒和鼻病毒并不相同。感冒具接触传染性，我们触摸被他人污染的物品，随后再以手碰触自己的眼、鼻或口部，便会给自己接种病毒而感冒。若受感染的人不够注意，打喷嚏时没有遮掩口鼻，这时感冒病毒也会随飞沫沾在你的脸部。一旦病毒找到黏膜入侵部位，就会进入细胞，接下来半小时内，它就忙着制造出几千个新的感冒病毒。

• 病毒具有各种形状，而且通常呈几何图形（图 2-6）。举例来说，狂犬病病毒呈螺旋状结构，也就是说它的 RNA 在一种圆柱状构造内部盘绕成圈。其他几类则由 20 个三角面和 12 个角组成，呈多面体状。鼻病毒、疱疹

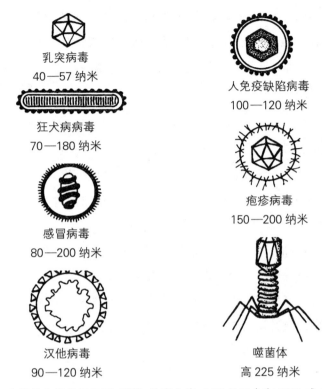

乳突病毒
40—57 纳米

狂犬病病毒
70—180 纳米

感冒病毒
80—200 纳米

汉他病毒
90—120 纳米

人免疫缺陷病毒
100—120 纳米

疱疹病毒
150—200 纳米

噬菌体
高 225 纳米

图 2-6　病毒的分类依据包括：形状、外表衣壳，以及是否含有 DNA 或 RNA。（插
图作者：Peter Gaede）

病毒、乙型肝炎病毒和轮状病毒都呈多面体造型。噬菌体的形状复杂，看来
有点像登月小艇。

●所有生物都有专门攻击它们的病毒类群。有些病毒专门攻击人类，
有些则专门针对其他动物、细菌、真菌、藻类、植物、昆虫等。不过，许多种类
（流行性感冒病毒和 HIV）则能够由其他物种跳跃感染人类。

●病毒进入偏爱的物种对象体内之后，还会挑选它们偏爱的细胞类
别。HIV 攻击血液中的 T 淋巴细胞；乳头瘤病毒只对皮肤细胞下手；乙型肝
炎病毒则直接攻击肝脏。

●轮状病毒是儿童腹泻最常见的病原体；美国每年都有 55 000 名儿童
受到轮状病毒感染而入院治疗。

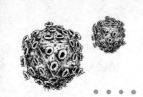

● 诺罗病毒(Norovirus)又称为脓融病毒,这个名称泛指一类称为诺沃克病毒(Norwalk virus)的相仿病毒。估计所有肠胃炎病例(症状为恶心、腹泻、身体虚弱,偶有发烧和寒战)有半数是由这类病毒造成的。这类病症常笼统称为"胃感冒"。

疾病术语

疾病:造成身体无法执行所有正常功能的健康状况的改变。

感染型疾病:由一种能侵染身体的微生物引发的疾病,这种微生物侵入后便待在体内执行局部或一切活动。

传播型疾病:可在人际间传播的疾病。

传染型疾病:很容易在人际间传播的疾病。

感染:微生物侵染寄主体内或体表并进行复制的现象。

感染性:能引发感染的微生物类别或微生物数量水平。

总结

　　我们的世界拥有形形色色的微生物，样式多得几乎数不清，而且在地表所有地方几乎都见得到它们。细菌黏附在生物、非生物（无生命物）表面，而且多数都偏爱某种特定栖所。霉菌孢子随着微风飘进室内，家中所有物体表面几无例外全都有孢子落脚。多数细菌和霉菌都独立生活，且能在生物体外存活。病毒则没有选择余地，必须感染动植物寄主细胞，否则很快就会从地表消失。原生动物对周遭环境的挑剔程度，大致介于细菌和病毒之间，它们必须存在于液体环境中，通常栖息在池塘、溪流中。

　　若你的身体遭受有害微生物入侵，不管是细菌、病毒或原生动物，这时你就遇上麻烦了！

第三部分

我们全都住在一个微生物世界里

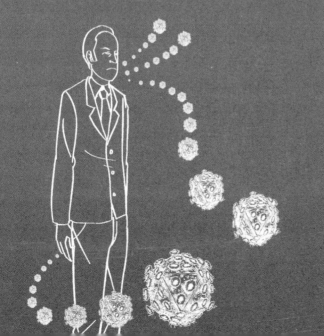

一切科学都是了不起的启示！

——霍华德·立克次

（Howard Ricketts）

你或许不知道，你的日常起居可能都在遵照和微生物学家一样的做法。唯一不同的是，微生物学家能察觉显微世界，深知我们每次碰触物体、每一次呼吸，都会受到何等影响。倘若你具有敏锐的观察能力，或许你也可以养成"见到"细菌的好本领，尽管肉眼实际上是见不到它们的。当早上起床后开始刷牙时，你就在减少口中的厌氧菌数目，它们会造成龋齿、滋生口臭。简单淋浴一下，你便洗掉几十亿个细菌和酵母，而且还能减轻体臭。淋浴时，也许你会注意到瓷砖间隙出现古怪的粉红色泽。预备早餐时，你煮蛋煎火腿，把牛奶盒摆回冰箱。干活时，你可能早就养成好习惯，坚持上厕所之后就洗手。而且你肯定很重视同事最爱去的快餐店卫不卫生，对他们的厨房关注有加。这些日常举动，其实都有微生物学依据。

家中的微生物

居家环境中的微生物都有一个共同局限——它们都需要水。蚊子能帮病毒维持感染能力，让它们熬过没有寄主的阶段。细菌芽孢休眠好几年之后，只要接触水分，就能苏醒并开始成长。霉菌比其他微生物更能熬过干旱环境，不过它们也需要水分。此外，水也是种媒介，如喷嚏飞沫、受污染的饮水、腐败的马铃薯色拉等都能散播致病微生物。有一点要随时铭记在心：在居室周遭寻找霉菌和细菌时，第一个该探访的就是潮湿环境。

浴室

多数人都会假定，浴室是最可能找到有害微生物的地方。多年来，洗涤剂制造商都拿浴室作为病菌集散地的实例，并在电视广告中以此教育消费者，若浴室的洗手槽、浴缸和梳妆台不干净，会带来哪些危害等。没错，科学家在马桶内外、冲水压柄和地面，确实都发现了大肠杆菌。若冲水时没盖上马桶盖，喷出的水沫便可能带着细菌飘到六七米远的地方，这段距离足够沾染浴室的其他表面，连牙刷都可能受到污染！不过这里有个好消息。尽管粪便所含的有机体到处都找得到，但在洗手台、马桶坐垫和地面找到的数量却很少。马桶坐垫每平方厘米约只含七八个细菌。微生物数量最多的地方是淋浴排水管内和马桶的冲水压柄表面。

只要定期清洗浴室，那么除了粪生微生物之外，那种小捣蛋多半只会惹点小麻烦，很少危害健康。不过，只要环境适当，几乎所有微生物都能从温和淘气转为具有威胁性。长在淋浴隔间内部、卫浴配件表面，还有马桶水

线附近的粉红色东西就是一例，那是一种称为黏质沙雷氏菌(*Serratia marcescens*)的细菌。黏质沙雷氏菌平常无害，生长在水中，但若感染人体，就可能变得很危险。或许这种细菌在浴室的污物上找到丰富营养，借此才变得凶狠。沙雷氏菌一有机会便会感染尿道、伤口或肺部，并引发肺炎。

在浴室可以找到两类居家微生物，包括归类于曲霉菌和毛霉(*Mucor*)两个属别的霉菌种类。这两类霉菌分别长出黑色和暗绿色霉斑，在浴室瓷砖间隙中生长。倘若大量吸入它们的孢子，也可能危害健康。曲霉菌在浴室之外也会带来麻烦。长时间待在尘埃密布、通风不良的地下室，吸入曲霉菌孢子的机会便会提高。

厨房

对几千个家庭的厨房和浴室的几项研究，探访了"典型"美国家庭是如何处理微生物的。他们都知道，打扫浴室是必要的工作，而且多数家庭都定期使用化学洗涤剂和消毒剂来清洗马桶和瓷砖。然而，走几步路到了厨房，许多人便忘了该注意的要点，只用一块旧海绵和几滴温水来对抗病菌。

按照微生物学标准，厨房是家中最污秽的地点。看来一尘不染的厨房，往往比表面脏乱的厨房藏纳更多的微生物。理由有多种，有些很明显，有些则隐晦难解。

就大部分家庭而言，厨房是家人进出频繁的场所。这里是回家进屋的终点站，是贮藏地点，也是大批有害、无害微生物源头孕育的区域，这个源头就是食物。由于许多人不想在厨房使用卫浴用化学洗涤剂，因此在厨房中散播的微生物数量往往可能比移除的更多。一块旧的湿海绵或湿抹布，不但不能杀死微生物，反而会把它们带往四面八方。所以"干净的"厨房实际上却布满异常繁多的细菌和霉菌，或许还包括几种病毒，而且是遍布所有物体表面。

厨房中受微生物污染最严重的是海绵、抹布、洗涤槽排水管、水龙头开关和砧板。环境微生物学家格巴(Charles Gerba)博士曾在论文中写道："在一般家庭中,砧板上的粪生细菌数通常是马桶坐垫上细菌数的 200 多倍。"

砧板

肉类和蔬菜通常都是在洗涤槽内清洗,再拿到砧板上处理,在这些地方都可能沾染潜在病原体。清洁洗涤槽并以热水冲洗,就可以把危险微生物清除大半,但砧板就很难处理了。塑料砧板会藏匿细菌,倘若板上有菜刀切出的密密麻麻的痕迹,这种情况就会特别严重。深刻刀痕是微生物良好的藏身场所,特别是当缝隙夹藏脂肪食材,就为微生物构成一道潮湿和保护性屏障。

木料因为有很多孔隙,因此木制砧板比塑料砧板更容易吸水,也把微

砧板保养小贴士

● 若塑料材质或木质砧板已经布满切割痕迹,就该丢弃不用。

● 使用砧板后,应立刻将残留的食料擦干净,随后再清洗。砧板使用后立刻以热肥皂水清洗,并用清水冲干净。

● 清洗之后,用纸巾拍压擦干表面,然后让它干透。如果砧板已经吸入各种液体,光是晾干或许还不够。

● 只要在使用后立刻清洗,砧板或许不必消毒,不过若想消毒,可以用稀释漂白溶液(1 匙漂白剂兑约 1 升水)浸泡 3—10 分钟。(译注:1 匙相当于 5 毫升。)

● 若砧板可以放进洗碗机,就用洗碗机清洗。

● 刚用来切过生肉、鱼类的砧板,不要拿来切生菜、水果,也别把即可食用的食品摆在砧板上。砧板每次使用过后一定要清洗,最好固定用不同砧板来切不同类的食品。

生物一道吸藏进去。研究显示,木制砧板接触鸡汁后 12 个小时,上面还找得到活菌。木制砧板会受污染,塑料砧板缝隙中也有细菌藏身。微生物学家证实,木制砧板的材质并不影响微生物的存留能力,不论桦木、椴木、山毛榉、樱桃木、槭木、栎木或美国黑胡桃木,结果都一样。

洗涤槽排水管

厨房洗涤槽的排水管聚集大批细菌,这点丝毫不足为奇。那里有丰沛的食物和水分,还有水把微生物的排泄物冲走,造就良好环境。当洗涤槽闲置了几天后,环境变得污浊,一群特殊细菌便在那里生长。再过几天,厨房排水管便可能发出腐蛋气味等恶臭。这种臭味是微生物在低氧、高养分排水管水中滋长的副产品。打开水龙头,排水几分钟便可以去除气味,把少量漂白剂倒入排水管也有帮助。

海绵

一旦厨房清洁不当,带来的麻烦就会比解决的问题还多。肮脏厨房中的清洁海绵、抹布和拖把全都会沾染微生物,餐后再用这些东西来抹擦物品,只会散播污染。研究发现,家庭用海绵有 60%—70%遭受粪生大肠菌群污染,每块 5 厘米×5 厘米大小的海绵块包含约 3000 万个细菌。除一般大肠菌群和粪生大肠菌群之外,常见于厨房各处的细菌还包括大肠杆菌、葡萄球菌和假单胞菌类。会导致食源性疾病的沙门氏菌和弯曲菌也常在厨房现身。生菜、肉类和鱼类都是这些细菌滋生的根源,唯一例外的是随处可见的水生微生物假单胞菌群。因此,餐后勤快擦洗厨房的人,若是使用旧海绵或脏抹布,只会让厨房的微生物散布得更广,情况比未清理时更糟糕。

一块看上去很干净的海绵,里面也可能藏有好几百个细菌。而明显很脏的海绵(掉色、有臭味,或刚用来擦过肉汁)肯定含有大量细菌,少则几千个,多则几百万个。这里提出几项最能彻底清洁海绵的做法:(1)以两匙半漂白剂兑一杯水,调制稀释漂白溶液,把海绵泡在里面达 5 分钟;(2)把潮湿海绵摆进微波炉加热 1—3 分钟后取出晾干;(3)把脏海绵丢进垃圾桶,改用新海绵。其他还有一些做法也能减少海绵的含菌量,包括放进洗碗机清洗;泡在沸水中煮 5 分钟;或者用 70% 的异丙醇或蒸馏白醋浸泡 5 分钟,浸泡之后用清水冲干净才可以使用。

热肥皂水和干净海绵是清洁厨房的绝佳工具,清洁后一定要用清水彻底洗净表面。若担心生肉汁液沾染对象,就先以肥皂和水清洗,之后再用消毒剂或卫生清洁剂来处理。最后,遵照产品说明使用之后,再好好以清水洗净或以抹布擦干表面,来去除残存化学物质。

除非有家人受到病毒感染,并且在厨房打喷嚏、咳嗽,或者以受污染的皮肤碰触器物表面,否则厨房不会常出现病毒。若感冒和流感病毒沾染料理台、餐桌和冰箱外侧等表面,它们可以存活达 3 天。既然粪生细菌确实经常在厨房现身,难怪肠病毒(来自消化道的病毒)偶尔也要在碗盘附近出没。若是正在构思下次晚餐聚会的话题,不妨聊聊浴室比厨房更卫生,在浴室吃开胃小菜恐怕更有益健康喔!

洗衣间

你认为穿了一天的衣物已经脏了,只要把它们丢进洗衣机,倒入洗衣液就可以洗干净了,对吗?多考虑一下吧。微生物学家从洗衣机各运转周期抽选水样,并抽选洗好的衣物来检测,结果发现受检体含有大肠杆菌。普通洗涤剂几乎都杀灭不了微生物!高达 1/5 的洗衣机内部含有大肠杆菌,而包含粪便污物的更达到 25%。把内衣和其他衣物或厨房抹布摆在一起清洗,原本不含粪生微生物的衣物就大有可能遭受污染。

洗衣机的热水循环和洗衣杀菌添加剂都有助于减轻洗涤衣物的受污染程度。然而,许多人为了节约电费,并不选用热水洗涤,而且使用漂白剂或有杀菌消毒标示的洗衣液的人数比例也很低。所以,虽说普通洗衣液可以去除尘土、洗掉污垢,然而形形色色的大批细菌,甚至还有若干病毒,却都依然残留在衣物上。

　　干衣机可以杀死部分较不强健的微生物,但这类微生物很少。如沙门氏菌和甲型肝炎病毒就十分耐受,经过洗衣 20 分钟和干衣 28 分钟后还能存活。换句话说,干衣机取出的衣物或许比进入洗衣机前更"脏"。

地毯和墙壁

霉菌危害

　　人们来来往往踩踏的地毯和地板,自然而然成为湿气、液体、各种碎屑和泼洒的饮品等最终的停驻地点,而这些都可成为各种霉菌、霉斑、酵母和细菌的养料,而且是大量供应,源源不绝。这些微生物日复一日待在居家里,虽然平常不会带来危害,不过一旦逮到时机,它们就会开始肆虐。如果脚底有个伤口,光脚走路就可能遭受感染。经常在地板上爬行的婴儿比较容易受到感染,而开始学步的孩童往往贴近地板四处移动,他们也大有可能吸入、沾染多种微生物。

　　地毯中的霉菌会释放出孢子,从而引发过敏反应、呼吸困难、鼻塞和鼻窦充血、眼部发炎和皮疹。霉菌孢子比普通花粉粒更小,因此更容易渗入肺道深处,少量的悬浮霉菌就会影响哮喘症患者。

　　为什么罹患过敏症和哮喘症的人数越来越多?室内的霉菌其实原本栖居在户外环境,不过,当霉菌找到潮湿、含有丰富营养等有利的环境条件时,要赶走它们就非常困难了。事实上,户内的悬浮细菌和霉菌数量多过户外,较新住宅的气密性多半优于老住宅,因此对流较差,通风不良。加上空调和暖气系统让户内空气一再循环,也借此把霉菌散播到各处。许多人喜欢有气温控制的住家,在家里装设了空调设备、冷气装置、增湿器和汽化喷雾机,这些设备都会产生湿气,促进霉菌生长。高湿度加上通风不良,正好适合霉菌滋生。不幸这正是较新住家、校舍和办公建筑的状况。依 EPA 建议,住家室内相对湿度应保持在 30%—50% 之间,绝对不要超过 60%。

家庭居所小档案

● 微生物学家铁尔诺(Philip Tierno)博士检视一般家庭居住环境，找到了5处病菌含量最多的地点和物品。这些藏菌处分别为：(1)厨房用海绵和抹布；(2)吸尘器运转时喷出的气流；(3)洗衣机；(4)马桶冲水期间的卫浴间；(5)厨房垃圾桶。

● 铁尔诺博士针对上述问题提出解决方法，包括：(1)每隔两三周便更换海绵或用氯(漂白剂)兑水稀释来杀菌消毒；(2)每月更换新的吸尘器集尘袋；(3)使用抗微生物洗衣添加剂来洗涤衣物；(4)盖上马桶盖再冲水；(5)定期消毒牙刷；(6)每次更换垃圾袋时也消毒垃圾桶内部。

● 看来最干净的地方或许正是最肮脏的，打扫时使用的海绵用了太多次，抹布太污秽，拖把太肮脏，都会四处散播微生物。

● 厨房洗涤槽和排水管都有严重微生物污染，水龙头开关、冰箱门把和料理台也遍布微生物，而且往往沾染了粪生细菌。

霉菌的生长和控制

凡是由有机物(也就是含碳物质)构成的无生命材料表面几乎都长有霉菌。霉菌能侵染以纤维素为基材的绝缘、防火材料，以及通风系统的过滤材料。家中的无浆干式隔间墙通常带有纸质内衬，而这也是以纤维素制成的。无浆干式隔间墙有助于减少墙内生长的霉菌数量，却不能杀灭霉菌。不论哪种隔间墙，只要有水，受侵染程度就会恶化。墙板、织物等多孔建材和木料、水泥等多孔建材都有裂隙，霉菌可以在里面生长，而且很难清除。

霉菌有可能长在明显之处，也可能藏身墙内。漏水或泡水损坏的隔间墙内部最令人忧心，因为发现有"毒霉菌"时，它们往往已经蔓延了大片面积。"黑霉菌"(葡萄穗霉菌)在暴风雨后，因风雨带来的水分会使其长得特别茂密，进而损坏建筑。仔细检视内墙，或许便会发现整堵墙面都长满了黑

霉菌。尽管葡萄穗霉菌非常著名,但它并非唯一的罪魁祸首,至少还有15种霉菌会损坏建筑结构。如果这些种类的霉菌大量出现,都会引发呼吸系统疾病和过敏症状。主要的建筑污染源品类繁多,包括链格菌(*Alternaria*)、青霉菌、曲霉菌、毛壳菌(*Chaetomium*)、枝孢菌(*Cladosporium*),还有一类称为担孢子菌的菌群。

若家中霉菌污染情况严重,最好请具有执照的专业除霉公司来负责清除工作。稀释漂白剂或抗真菌化学物质都属于自助式药剂,不过美国职业安全与卫生管理局已经不再推荐这种做法,其立场是自行使用这类药剂并不能清除所有霉菌孢子,让室内出现大量强烈化学清洁剂,反而会让呼吸更为窘迫。专业人员则是使用特制的湿式吸尘器和过滤程序,而且他们会采用安全做法来使用化学药品。

托儿所和养老院

日托机构、托儿所与老人养护等机构都具有相同特性。在这些场所活动的人群,健康风险都高于一般人。非常幼小或年迈人士的免疫系统都不健全,老人可能因为染病,或者只因老迈而导致免疫能力减弱。他们彼此接触频繁,卫生措施或有疏忽,潜在病原体就很容易在人际间转移。日托机构更是容易散播病菌,因为幼童通常会把共享玩具和手放进嘴巴里。此外,学步儿童还时常接触地面。而如同其他所有设施,日托机构和养老院也都有粪生微生物侵染餐饮的情况。基于这些因素,日托和养老机构必须十分重视感染问题。

抗生素耐药型菌类的增加,使健康风险也随之提高。在这两种机构活动的幼童与老人长时间与其他人栖身在同一栋建筑内,还共享房间。这类独特设施及其状况构成一种微环境,有些抗生素耐药型微生物便会在这类照护中心安居,并构成独特群落。幼童和老人不时地与栖身于这种微环境的耐药菌类接触,于是耐药型菌类便会感染到所有人身上,包括机构的职员。

美国人的工作日程大多安排得很紧凑,这使得对儿童照管产业及其从业人员的需求日增,而且这种趋势看来还会持续下去。此外,根据美国人口普查局预测,从现在到 2025 年,超过 55 岁的人口比例还会大幅提升。这些因素都只会让专业看护技能与管理更加重要。

托儿所

肠道疾病(腹泻)和呼吸系统疾病是托儿所最常面临的严重问题,其次为耳部感染和结膜炎。若托儿所收托两岁以下幼儿,腹泻病例数便会增长 3.5 倍,最大起因是使用尿布。而如果托儿所供应饮食,感染人数也可增长 3 倍。托儿所儿童腹泻症的两大病原体为甲型肝炎病毒和轮状病毒。大肠杆菌、沙门氏菌和弯曲菌也是传染暴发的源头,不过影响程度较轻。

耳部感染也是个难题,特别是引发这类感染的肺炎链球菌(简称肺炎球菌)的抗生素耐药性已经越来越强。尽管幼童和学步儿童特别会以手和玩具来散播病菌,但经研究证实,托儿所的员工也是散布疾病的主要媒介。最近,美国波士顿儿童医院指出一项令人担忧的事实,幼童父母和托儿所员工对病菌传播的原理极度缺乏认识。就幼童父母而言,不到半数的人明白负责饮食的生病员工与幼童腹泻症暴发之间的关联性。而且约有 1/4 的父母和托儿所员工,对于双手卫生和人际间病菌传播没有概念。

养老院

急性呼吸系统、尿道和皮肤等部位感染是养老院中风险最高的感染病症。肺炎球菌是常见于养老院的病原体,这点和托儿所相仿,不过

这类细菌一旦感染了老人，就会引发肺炎。倘若老人原本就患有糖尿病、哮喘等慢性疾病，或阿尔茨海默症一类的认知障碍疾患，则新的感染风险就会更难预测。使用导尿管、喂食管等侵入式装置的病人，也很容易受到感染。随着人们年龄的增长，皮肤和黏膜也会开始丧失健全功能，由于防卫屏障弱化，感染概率便会跟着提高。

就如日托机构的情况，养老院员工也是散播几种疾病的媒介。他们工作时必须经常碰触受照护的老人家，而且看护完毕往往直接去照料另一人。若员工和厨师怠慢疏忽，没有谨慎防范病菌传播，传染病就可能迅速传遍全机构。但平心而论，负责照顾幼儿或老人的专业人员，纵然睁大眼睛控管传播病菌的日常活动，也不可能做到滴水不漏。当务之急是指导幼童父母和日托机构和养老院员工，让他们具备广泛的卫生观念及病菌感染知识。另外，只要幼童能够听懂，尽早教育他们养成良好的卫生习惯也很有帮助。

日托机构和养老院的卫生注意要项：

● 员工、幼童及老人都必须勤洗手。包括每次接班前、进餐前、照料儿童或老人上厕所后，还有换尿布后。

● 尿布台在每次使用后都必须消毒。

● 让较年幼和较年长的儿童分开活动。

● 腹泻儿童以及罹患高传染性疾病的老人都应该隔离照顾。

● 把病童送回家或拒绝接受病童。

● 让老人日常摄取均衡营养。

● 训练所有员工、看护人员掌握预防传染的措施，并养成良好的个人卫生习惯。

这里列举几项可以预防霉菌滋长的方法:中央空调和火炉附近区域必须定期检视是否积水。排除积水维持表面干燥,定期更换过滤器,并清洁管道。清洁表面之后,使用抗霉斑涂料重新上漆。洗衣机和干衣机运转时会释放出湿气,应把湿气导向户外,特别是摆放在地下室的机具。地下室裂痕很容易漏水,出现裂痕就要补好。地下室和地板下的管道维修间都有防水措施可供选择,这些都在推荐之列。织品和小地毯都应该定期拿到室外通风处抖拍、晾干。定期把小地毯送给专业服务人员清洗,也可以减轻霉菌问题。

许多商标的地板材质以及织入地毯的丙烯酸与尼龙纤维,在制造时都经过抗微生物化合物处理,因此这类产品能适度抑制霉菌和细菌生长。至于在家中使用这类经处理产品的利弊风险,科学界尚有争议。许多科学家和非科学家论称,没有道理采取强烈措施来对抗所有微生物,因为病原体总数只占所有微生物的极小部分。业主必须自行斟酌,使用抗微生物处理建材有何利弊得失。不论你的选择是什么,重点在于必须记住,家中到处都有微生物,包括你的指尖上、空气中,还有你的脚下。

倒是有种抗微生物化学药剂几乎遍布家中各处,那就是三氯生(tri-closan,又名三氯新、三氯沙,完整化学名为:2,4,4'-三氯-2'-羟基二苯醚)。这种化学抗菌剂由两个苯环、还有环上的一个氧分子和几个氯分子所构成。三氯生有多种商品名(包括:Microban, Biofresh, Irgasan DP-300, Lexol 300, Ster-Zac, 和 Cloxifenolum)。只要在地毯和地板材料中添加三氯生,便可以抑制微生物生长。不过三氯生也是种涂料,而且凡是有机会碰触皮肤的任何产品,几乎都含有三氯生成分,从塑料砧板到儿童玩具都包括在内。个人卫浴保养用品也普遍含有三氯生,其种类多得令人惊讶。尽管已知这种物质会刺激皮肤、眼睛和呼吸道,不过事实证明,三氯生问市 30 年来,从来没有引发严重的健康问题。

大家可能会好奇了,抗微生物产品究竟有没有效?我们在下一部分还会更深入地探讨这个问题,而就目前来说,答案是肯定的。有些抗微生物产品属于强烈化学药品,杀菌效能极高;另外有些则功效比较差。有效的抗微

生物化学药剂必须接触微生物达到一定的时间才会生效。接触时间以秒或以分计算，目的是要杀死微生物。微生物不是马上就可以杀死的，若有产品宣称能够"瞬间"杀死病菌，别相信这种说词。而三氯生与微生物的接触时间是无限的，因为这种药剂是直接纳入玩具、肥皂或鼠标垫的原料配方里面的。

工作场所中的微生物

　　微生物学家格巴曾经指出:"除非总是使用同一张桌子,否则没有人会清洁桌面。"一般办公室里,每平方厘米表面就有将近3300个微生物,相当于马桶坐垫的400倍脏,电话机每平方厘米的微生物数量则可以超过3900个。其他肮脏处为计算机键盘(500 个/cm^2)和鼠标(260 个/cm^2)。

　　咖啡杯可是工作场所中的环保超级基金等级物品,若没有好好清洗,可能含有30万个细菌。研究显示,在"干净的"咖啡杯上可以找到几百到几千个细菌。拿不够干净的海绵或抹布来擦拭干净的咖啡杯内侧,只会增加细菌数量。还有,倒进热咖啡或热茶,并不能杀死微生物,因为热咖啡、热茶、热汤,还有其他热饮的温度一般都不够高,多数微生物能够耐受的温度远高于此,而且还能耐受好几分钟。

　　工作场合其他的肮脏地点还包括:微波炉门柄(1500 个/cm^2)、饮水机压柄(2300 个/cm^2)、电梯按钮,还有复印机与自动取款机的按钮和表面。在这些地点找到的细菌大都出自人们的口腔,而粪生微生物也经常出现在办公室。

　　除非侵染食品或进入口中,否则这类污染物都是无害的。生病时待在家里,就是减少同事间彼此感染的最佳良方。

公共场所中的微生物

历史告诉我们,当人口集中时,疾病传播也随之猖獗。公交车、地铁、电梯等处,都会助长传染病蔓延。

感染型微生物也需要水,湿气或潮湿表面能让它们存活较久。以汗湿手掌握住公交车或地铁扶手,便带来充足湿气,助长细菌在那里生存。研究还显示,在扶手上可以找到粪生细菌,只要用手碰一下受污染表面,然后触摸自己的眼部黏膜,或触摸鼻子、嘴唇,就足以让自己受到感染。

车子里有泼洒掉落的食品,若没有定期清洁,就会让微生物有机会生长。清洁、消毒和吸尘都是重要家务,也是汽车清洁要务。同样,若有乘客得了流感或感冒,这些事项就更重要了。汽车空调系统也有可能滋长霉菌,直接吹向搭乘人员的脸部。研究显示,汽车空调装置经常含有以下菌类:青霉菌、枝孢菌、短梗霉(*Aureobasidium*)、曲霉菌、链格菌和枝顶孢菌(*Acremonium*)。这些都是家庭常见霉菌,每种都会导致过敏症患者出现严重反应。

若是在 5 秒内捡起掉落在桌面或地上的饼干,那么吃下这块饼干安全吗?这个答案部分取决于该桌面或地面有多少湿气。因此,以上面这个问题来看,饼干掉在图书馆读者稀少的侧翼图书室中和掉在公车站饮水机旁的地面上,两者的结果是不同的。

除了住家和工作场所,你或许已经知道哪里的表面微生物含量较高、也更有可能污染饼干。你应该警觉的地点包括:农庄、动物房舍、动物活动区、宠物店、温室、鞋店、机场的脱鞋安检区、自助洗衣店、提供公共试用产品的美容保养柜台、发廊、指甲修剪沙龙,以及理发店。

抗微生物术语

生物杀伤剂：泛称能杀死生物的所有化学物质,不过这个词通常只指称用来杀死微生物的产品。

抗微生物的／抗微生物剂：(名词)指用来杀死微生物(或大幅减少其数量)的一种产品,或(形容词)能杀死微生物的一类产品。抗微生物剂能杀死细菌、酵母、真菌、藻类和原生动物,多数用来杀死位于无生命物体表面或液体中的微生物。下面列出几类抗微生物产品:抗菌剂、抗真菌剂、病毒杀伤剂、细菌杀伤剂,还有细菌抑制剂。杀菌的／杀菌剂和抗微生物的／抗微生物剂意思相同。

抗菌剂：根据 EPA 的定义,抗菌剂是指能够杀死细菌或减少其数量,从而达到"安全水平"的药剂。

抗真菌剂：这类产品能够杀死真菌,包括酵母和霉菌。

病毒杀伤剂：能杀死病毒或大幅减少其数量的产品。

细菌杀伤剂：只杀死细菌的一类产品。

细菌抑制剂：这类产品能够抑制细菌生长,却不见得能够杀菌。

抗感染剂：能杀死皮肤、黏膜上的微生物,或减少其数量的化合物或制品。

抗生素：指一类抗微生物化合物,通常由细菌或真菌自然形成,可用来杀死其他微生物。

钱

　　谈到钱币,我们往往联想到疾病、肮脏、污秽,在这方面,钱币的名声似乎不太好。钱币是不是我们日常所接触最脏、微生物含量最多的物件之一？是的,就像经常在人群中辗转传递的任何其他物件,钱币也是一种四处散播病菌的媒介。

　　有关纸币含菌量的综合研究几乎没有。要找出纸张表面含有哪些微生物,最好的做法是必须摧毁样本,才能得到精确的含菌量,因此,别想见到百元美钞上的含菌数据了。微生物学曾检测在出租车和餐厅间辗转流传的1元美钞,发现多数纸币都含有各式各样的细菌,有时还含有病毒。研究显示,在纸币上找得到金黄色葡萄球菌、链球菌,还有沙门氏菌与大肠杆菌等革兰氏阴性菌群。

　　就像纸币一样,硬币也在一天之间辗转传递好几百次,细菌和病毒大有机会随之蔓延。在美国硬币上面找得到大肠杆菌和沙门氏菌,不过数量多寡迥异。学术界对于货币是否散播疾病很少提出见解,不过大家都同意,负责烹调的人拿钱之后必须先洗手,然后才能接触食材,这点几乎毫无异议。用手拿冰块摆进冷饮的人,也应该遵循相同准则:先洗手再拿冰块。洗手时还必须用肥皂彻底洗干净,单单以清水冲洗是不够的。

　　美国的硬币以铜、镍和锌材制成,这些金属据知都能抑制细菌和霉菌生长,因此几个世纪以来,航运业内都以铜片包覆船底,以延缓藻类附着、滋长的时间。然而,这种金属若能结合其他几种化合物,效果才能达到最高。没有确凿证据显示金属硬币可以防菌,不过我们知道,硬币并不适合于微生物生长。多年以来,若干产品都通过添加铜和锌来杀死真菌。含铜化合物可用来制作防腐剂,保护木器、纤维和保藏涂料,还可以制成杀伤真菌的

公共场所卫生防护要诀：

● 上厕所时,尽量选择第一或最后一个小间。中间的小间较常使用,因此也会沾染较多细菌。

● 公共厕所和流动厕所较常有人清洗、消毒,可能比你想像的干净。不过,由于使用人数众多,厕所表面很快又会受到污染。

● 一般旅馆并不会清洁客房内的电视遥控器,由于使用人数众多,而且住客往往从卫浴间出来之后便用湿手取用,必须小心使用。建议在旅行时可以随身携带一小瓶消毒剂,或带一小包含乙醇湿巾也不错。

● 握手会散播病毒和细菌。若有人已经染病,就别和他握手。真要握手的话,事后必须立刻洗手,但"不要一个个握手"是最好的忠告(我们知道,这几乎完全办不到)。倘若你必须和好几个人握手,接着马上就要参加聚会,那么在找到机会洗手之前,切勿碰触你的脸部。若现场供应甜甜圈,不要用手直接取用。还有别忘了,这时你还会把病毒和细菌沾染到你的笔、桌面或计算机上。

飞机和病菌

飞机上的病菌就像谣言,在加压舱内随着空气四处散播。乘飞机旅行所承受的微生物风险很高,与在拥挤狭窄的空间中好几个小时相仿。在密闭空间和病人共处,受到感染的机会肯定会提高。乘飞机旅行时有两点必须记住:(1)机舱在飞行期间并没有"布满"病菌;(2)座位、扶手、头顶行李箱的锁闩和椅背托盘桌都属于共享的表面,一旦用手碰触这些地方,就很容易染上病菌,这和飞机之外的其他地方没有两样。

好消息

● 机舱内的空气每小时约会替换 20 次。舱内空气流在经由高效

滤器(全名为高效率空气微粒过滤器)后,可以滤除99.99%的0.1—0.3微米直径的微粒,这应该足以滤除所有的细菌和真菌,以及大于0.3微米直径的病毒。就连最小的结核病原体(结核杆菌)的直径也达0.5—1微米,因此也会被高效滤器拦住。

● 据信在飞行时极不可能散播麻疹、SARS、感冒或流感。

● 多数现代飞机中的空气都从各排座位上方朝下流动,并从座位底下排出。这可把病菌传播作用局限在最小区域,不超出几排座椅范围。

● 在走道行走时会短暂搅动气流,把少量尘埃微粒散播到空中,不过经过3分钟光景,微粒含量便会回归常态水平。

● 机内空气和机外流入的空气混合,再循环空气量和机外空气量之比为50:50。约9000米高度的机外空气完全不含微生物。

● 尽管机上厕所的水龙头一样布满微生物,但马桶坐垫的微生物含量通常都非常低!

坏消息

● 机上和航空站的厕所都是人群往来频繁的区域,几乎所有表面都沾满微生物。尽管机场厕所经常有人消毒,却由于使用量高,清洁效用很可能全被抵消。

● 飞行中机舱里的液滴随着气流飘荡,最后才通过外流管道排出。因此,液滴传播有可能带来麻烦,特别是当旁边坐了一名病人或病毒携带者。

● 飞行时间达8小时或更久时,遭受再循环空气感染的机会便会提高。

● 目前至少有一起经确认的案例,显示有健康乘客乘飞机染上疾病,另外还有其他几起疑似案例。

• 1994 年,一架由美国芝加哥飞往檀香山的客机上,有 6 名乘客染上结核病。研究发现,该次传染媒介为空飘液滴(打喷嚏、咳嗽),让邻座乘客受了感染。迄今,从无研究证实再循环空气是传染因素。

• 飞机舱内的空气并不传染疾病,餐饮才会,取用或烹调不当便可能引发食源性疾病。

乘飞机旅行秘诀

旅行用品专卖店所出售的几种加有生理屏障抗微生物平价商品,都可以进一步预防感染。这些用品包括私人枕头和毯子、口罩、座位套及软拖鞋。其中或许以个人用毯子最有用,带着幼童旅行时更建议使用,因为幼童通常会把班机上的毯子盖在脸上。至于口罩,由于只有特定口罩才能阻隔微生物大小的微粒,因此卫生当局通常并不推荐乘飞机旅行时戴口罩,但世界卫生组织建议,若在 SARS 暴发区旅行便应该考虑戴口罩。染上 SARS 并表现症状的人,有可能感染其他人,政府单位已经颁布搭载 SARS 患者应遵行的程序,供航空公司执行。

在机上和航空站内,旅客和机组人员都应该遵循几项基本准则,奉行良好的个人卫生习惯,特别是要常洗手。进食前和如厕后都应洗手。别以手碰触眼、鼻或口部。别和他人并用食物、共享器具。最后,尽量避开染患感冒或流感的人,但这在飞机上确实很难办到。

许多人都认为是乘飞机让他们生病,因为一群人局限在狭窄空间内,许多人碰触共享表面,一旦机上有生病的人,就会把疾病传染给别人。但换个角度想想,旅客经常是承受压力的;度假、商务会议、探亲和假日旅游,都可能是难熬的经历。倘若在这种时候因为压力感到紧张,想想你的免疫系统会有什么感受。

消毒剂。氧化锌便是涂料业使用的防腐剂。

而纸币与硬币不同,存在由细菌能够消化的纤维材质和油墨成分形成的多孔的表面。就像其他所有多孔表面,纸张也提供了好几千处藏身地点,供细菌栖居,并随纸币四处蔓延。美国财政部针对抗微生物纸币添加剂做了实验,希望兼顾钞票保存并降低钞票传染疾病的潜在风险。不过就目前而言,货币中还不含抗微生物化学药品。

微生物遍布各处,家中或工作场所几乎无处不带微生物。然而,尽管忧心忡忡,担心钞票、浴室、厨房洗碗槽周围的病菌,但我们多半都过得十分健康,没有染上任何疾病。这可以归功于两种状况:首先,地表无害微生物的数量远远超过有害种类;第二,生于现代的我们已经懂得优良个人卫生习惯的重要性。最根本法则是经常彻底洗手,还有,没洗手就不要碰触脸部。

洗手

洗手时最好用足够的肥皂和温水清洗20—30秒,并清洗所有表面:手背、手指之间、指尖,一直洗到手腕。然后用清水彻底冲洗,并用卫生擦手纸擦干双手,再隔着擦手纸关上水龙头,之后立刻丢掉擦手纸。

使用温水洗手是因为温水比冷水更能溶解肥皂内含有的界面活性成分,利于去除脏物。这里不推荐使用热水,因为热水会把体表一层保护皮肤的油脂一并洗掉。勤洗手可以洗掉不断侵染的病菌,不过,频繁洗手也有容易造成手部干燥的缺点。若手部干到开裂程度,便容易受到感染。这时候建议使用保湿护手霜来处理干裂皮肤。

身体表面的微生物

　　人类和其他哺乳类动物的身体构造都像一根管子，这根管子的外表面由表皮组成；内表面则为消化道内壁。在正常情况下，你的皮肤上住了一群细菌、酵母和霉菌，体表的这群微生物对你是有好处的，完全没有微生物反而不好。平时栖居在皮肤上的细菌是人体的第一道病原体防线，这些土生土长的细菌群会和致病菌、酵母争夺养分，有些种类会分泌抗微生物化合物，进一步阻滞病原体落脚。它们在体表特定部位建立群落，并影响这些部位的微观条件，如酸含量、蛋白质量和排泄物。举例来说，有一类称为丙酸杆菌（propionibacteria）的皮肤菌群，它们能制造脂肪酸，抑制其他多种革兰氏阳性菌。也就是说，你体表的原生菌群拥有你身体上的法定居住权。

皮肤

　　皮肤是直接接触空气的，所以遍布体表的微生物许多都属于需氧生物类，需要氧气才能生存。但令人意外的是，皮肤上的优势细菌群却都属于厌氧种类，厌氧类和需氧类的比例约为 100∶1。厌氧微生物可以在表皮生长得很好，主要是因为它们能找到许多狭小的缺氧地点，称为微环境，例如毛孔深处就是含氧量极低的微环境，特化细菌可以栖居其间，借助非常有限的环境条件来生长。

　　每个人的正常菌群各有不同，决定每个人正常菌群的影响因素很多，包括饲养宠物、照料牲口、经常在含氯水中游泳、接受抗生素治疗、罹患疾病、皮肤烧伤、皮肤感染、使用抗菌肥皂或抗感染剂、住院，还有遗传和家族因素。但是就算把这众多变项考虑在内，多数人的原生菌群基本上都是相同的。

表皮为微生物提供形形色色的生存条件，手臂、胸部、背部和双腿部位，经常被称为"人体的干旱荒瘠沙漠"，表皮葡萄球菌(*Staphylococcus epidermidis*)和丙酸杆菌等细菌都栖息在这些部位。鼻孔、腋窝、腹股沟和生殖器官，还有脚上若干部位，则相当于人体的"雨林"，这些部位生长两类干旱区型细菌，以及大量金黄色葡萄球菌(鼻孔)和棒杆菌属的种类(腋窝)。腹股沟和泌尿生殖器部位除了住了前 4 个类群，还有乳酸杆菌、链球菌和称为"类白喉菌"(diphtheroid)的菌群，以及多种革兰氏阴性菌。成年女子的泌尿生殖部位还是白色念珠菌的藏身处所。

淋浴可以洗掉几百万到几十亿个皮肤微生物，附着于死皮肤细胞和污垢微粒上的微生物比较容易洗掉。不过，淋浴完毕之后，依旧有许多微生物会留在身上。它们藏身皮肤的微小缝隙中，许多还拥有附着机制，可以牢牢黏附在外表皮肤上。洗澡完之后只需几个小时，微生物种群就会开始复制，约经过 12 个小时，整个群落便又恢复原有数量。

当外出露营、旅行，或忙于某些事情，没办法每天例行沐浴，这时皮肤上的微生物是否会大量增长到不堪设想的数量呢?基于某些因素，这种情况并不会发生。在自然条件下，细菌和真菌可以增长到环境许可的水平，皮肤上的细菌会逐渐增生，等到所需营养耗竭，生长就会停顿。当细菌数量增长到彼此摩肩接踵，这时就不能继续滋长。若干细菌会分泌化合物，抑制相邻细菌进一步生长，借此逼退其他细菌。这样一来，原生皮肤菌群便能帮助防护病原体入侵，不让它们在身体表面建立滩头阵地。

乳酸杆菌是一群有益的菌类，栖居于泌尿生殖器部位和下阴道范围，因为这里 pH 最高约等于 4.5，乳酸杆菌在这种环境下可以生长得很好，而入侵的病原体在这种环境下便要艰苦挣扎了。pH 是度量环境酸碱度的量值，环境酸度低于 7 为酸性，高于 7 则为碱性，等于 7 为中性。服用某些抗生素时,乳酸杆菌会消失,这时 pH 会提高,而平时数量较少的念珠菌便开始增生。这类抗生素包括:利福平、四环素、氯霉素、青霉素、氨苄和头孢噻吩。因此,一旦环境改变而利于生长,原本无害的皮肤住客便摇身变为病原体。

腋臭不是病,不过通常会被像对待疾病一样来处理,往往使用肥皂、除臭剂和止汗剂等货真价实的化学试剂,对它发动攻击。引人不快的腋臭来自表皮葡萄球菌、棒杆菌和类白喉菌等菌群的常态活动。表皮葡萄球菌能把腋窝汗水转变为恼人恶臭,这种作用在葡萄球菌类群中实属罕见。腋窝细菌消化汗水蛋白质中的含硫氨基酸,之后便释出新的硫化物,这些化合物大都很容易挥发,因此很容易闻到。

腋窝菌群非常挑食,人体会产生两类汗水,而这类菌群只有摄食其中一种才会产生气味。外泌汗腺又名小汗腺,分布于全身上下,能分泌湿润液体,冷却皮肤表面。顶泌汗腺又称大汗腺,只分布于几处部位,包括腋窝。顶泌汗腺的分泌物较浓稠,且饱含多肽(短链氨基酸)和盐分,腋窝细菌便取食这类成分。

洗澡之后过一段时间,腋窝之外的其他部位的体臭也会渐渐累积,就算汗腺没有分泌汗水也是如此。微生物会把皮肤上油脂所含的油类和甘油三酯分解为脂肪酸,接着其他微生物会分解这类化合物,产生含脂肪的酸质副产品并挥发到空气中,同时把腐酸臭味向外发散,产生体臭。

"香港脚"(足癣)的致病菌是发癣菌(*Trichophyton mentagrophytes*),属于丝状真菌类(生长时会向外长出丝线状或毛发状构造,这种菌丝由长形细胞相连而成)。就如众多真菌病原体,发癣菌也栖息在皮肤死细胞上。这类细胞原本位于深表皮层,依循正常历程逐渐向外层移转。当我们抓痒刺激皮肤,发癣菌就会进一步侵染较深层皮肤。由于哺乳动物细胞和真菌细胞的关系比较亲近,和细菌比较疏远,因此杀死真菌的药物,往往也严重危害人体细胞,于是当皮肤染上真菌便很难根治。

74

眼睛

眼睛是另一处可能遭受真菌危害的地方。平时我们的结膜和角膜都不会遭受微生物侵染,但只要眼睛受伤,就算十分轻微,也很容易遭受细菌、病毒或真菌的感染。

软性隐形眼镜很容易受到污染,倘若镜片受了污染,戴上时直接接触眼睛表面,双眼几乎无法避免感染。会污染镜片的酵母菌群包括:念珠菌、红酵母(*Rhodotorula*)、球拟酵母(*Torulopsis*)和隐球菌等类群。另外还有些真菌也会惹麻烦,包括曲霉菌、青霉菌、镰孢菌(*Fusarium*)、链格菌和枝孢菌等类群。最近发现显示,镰孢菌性角膜炎和若干镜片保养产品有连带关系。美国食品及药物管理局(Food and Drug Administration, FDA)定期针对这种感染症的发展近况颁布消息,并提供处理隐形眼镜的其他提示。

这里列出使用隐形眼镜的一般安全法则:若眼睛不适或红肿,应立刻取下镜片;根据所使用的镜片类别,遵照保养说明妥善清洁、消毒镜片;每隔3—6个月便更换镜片储存盒;使用新鲜的隐形眼镜保养液,绝对不要反复使用;使用专用清洁液来清洁镜片,不得使用未经消毒的蒸馏水、自来水或唾液;取用镜片前后都必须好好洗手。

头发

头皮微生物和普通皮肤菌群相似,但糠秕马拉色菌(*Malassezia furfur*)却是个例外,这种酵母是头皮屑和脂溢性皮炎的病因之一。头皮上的糠秕马拉色菌很难彻底去除,不过多年来,已经有多种抗头皮屑洗发精问世,能适度控制这种酵母。有些专家认为,煤焦油是去除头皮屑的最佳良方。在所有化学物质当中,煤焦油和水杨酸或许最能帮助去除死头皮细胞的成分,使用时也会连带将皮肤细胞上的许多酵母一并去除。不过,把煤焦油等抗头皮屑化合物添入洗发精,看起来实在不美观。遗憾的是,头皮屑是很难防止并治疗的。

糠秕马拉色菌的形状像保龄球瓶，和长在犬只身上的犬马拉色菌
(*Malassezia canis*)是近亲种类(有些微生物学家已提出,说两者是同一种酵
母)。犬马拉色菌会让犬只的皮肤显得油腻并带有异味,还会导致犬只耳朵
内积聚黑色耳垢。

马拉色菌也称为皮屑芽孢菌(*Pityrosporum*)。两个属名指称同一群微生
物(表 3–1)。

表 3–1　抗微生物个人护理产品

个人护理产品		
产　　品	活性成分	作用方式
牙膏	氟化钠	重建被口腔菌群蛀坏的牙釉质
牙垢抑制牙膏	单氟磷酸钠、三氯生	妨害细菌摄食养分；三氯生可破坏细菌的膜
漱口药水	氯化十六烷基吡啶、乙醇、薄荷脑、甲基水杨酸	氯化物和乙醇可破坏细菌的膜；水杨酸可去除皮肤多余细胞；薄荷脑可除臭
止汗剂	四氯羟铝锆	阻塞汗腺、抑制葡萄球菌
除臭剂	泊洛沙胺 1307、EDTA–二钠、乙二醇化合制剂	抑制细菌生长
隐形眼镜清洁药品	乙酸乙二胺二钠聚季铵盐–1	防腐并防止细菌、酵母菌附着于镜片
痤疮软膏	过氧化苯甲酰	分解痤疮丙酸杆菌所需脂肪酸
抗头皮屑洗发精	硫化硒、煤焦油、吡硫翁锌、水杨酸、酮康唑	煤焦油和水杨酸去除死皮；其他成分抑制糠秕马拉色菌
"香港脚"喷雾剂	硝酸迈可那唑	抑制真菌
足部爽肤粉	薄荷脑、玉米淀粉、碳酸氢钠(小苏打)	淀粉和碳酸氢盐可吸收湿气;薄荷脑可除臭

（续表）

个人护理产品		
产　　品	活性成分	作用方式
自黏式药剂绷带	硫酸多黏菌素 B、杆菌肽锌	破坏细菌的细胞膜和细胞壁；杆菌肽可杀菌、多黏菌素能杀死细菌和真菌
抗病毒纸巾	柠檬酸、硫酸月桂酸钠	柠檬酸可干扰酶的活性；硫酸月桂酸钠能破坏蛋白质
抗微生物棉签	棉签上添加广谱抗微生物制剂	目的在保持棉签清洁，不是用来杀死耳中细菌
抗感染剂		
苯基氯化铵	广谱抗微生物作用	
异丙醇	破坏微生物的膜组织和蛋白质	
过氧化氢	强效氧化剂,可毒杀细菌、酵母和病毒	
碘酒	破坏微生物的细胞成分	

口腔微生物学

　　人体包含 $10×10^{12}$ 个细胞,组成包括骨骼、肌肉、神经、皮肤、结缔组织等在内的各种身体组织。体表和体内的细菌数总数则超过 $100×10^{12}$ 个。我们的身体就像个地球;栖居的细菌数量超过其他生物数量总和。就哺乳动物而言,口腔和肠内是微生物最密集的部位。

　　口腔是身体外表唯一具有硬实表面,可供微生物附着的部位。口中的细菌数量十分惊人,每毫升唾液(毫升即立方厘米,约为一颗方糖大小)或 1克从牙齿上刮下的牙垢(1 克为 1 毫升水的重量),含菌数都可达千万个到百亿个。由此可分离出几百种细菌,而且肯定还包含许多尚未发现、鉴定的种类(图 3-1)。尽管口腔微生物的总量庞大,然而种类并不多,所起的作用

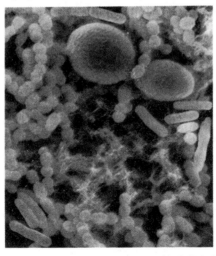

图 3-1　口腔微生物种类繁多,这里列出几种:转糖链球菌(球菌类的一个变种)和它在牙菌斑形成初期产生的黏糊物质;拟杆菌类(bacteroides),这是一类杆状细菌;还有白色念珠菌,即图中大型卵形菌芽;放大倍率:×2000。(著作权单位:Dennis Kunkel Microscopy, Inc.)

也有限。

口腔的 6 项特色决定了这些微生物的生长形式。首先是恒定、温暖的环境,温度为 35—36℃,和多数细菌生长的最佳温度范围相符。第二是低氧环境,对某些微生物较为有利,并会抑制其他种类生长,这也大大影响了口中的微生物活动。另一项因素是口腔中的营养供给。养分可得自身体本身,也可得自唾液或牙龈沟液(由齿间牙龈沟中细胞分泌的液体,和唾液不同)。饮食也供应丰富的养料,包括氮化合物、糖类、脂肪、水和矿物质。第四为唾液影响 pH,让口中环境呈微酸性。当糖分迅速消化,口中酸度便随之提高,这么一来,细菌种类组成便暂时出现变化。第五,口中有各种内陷、破口和裂缝等构造,因此多种细菌都有机会附着于口腔表面,建立稳定的菌落。第六,口腔菌群和身体免疫系统有连带关系,因此有些细菌在体表任何部位都无法存活,却能够在口中生存。

与牙齿表面或牙龈沟中的细菌量相比,唾液所含菌量较少。当口腔菌群成功附着口腔表面,它们就会开始适应漱口、吞咽和液体飞溅泼洒等周期变化。接着它们便构成稳固的混合体,内含 400 多个种类,并集体从事各项工作,包括由食物吸收营养、贮藏养分,还一起建构防护外膜。这种黏附在对象表面的菌落称为**生物薄膜**,而且不管它们是长在体内或体外,都比独立生活的细菌更耐受,更不容易被杀死。生物薄膜内含链球菌、嗜血菌(*Haemophilus*)和莫拉菌(*Moraxella*)。莫拉菌栖居中耳,这类细菌是青少年耳部慢性发炎的帮凶。其他自然生成的生物薄膜有些见于溪河流水中、配水管线内侧表面,还有些则长在马桶内!

龋齿是一种口腔病症。转糖链球菌(*Streptococcus mutans*)等口腔菌群会分解食物中的糖类,形成弱酸类物质。食物残渣和唾液,加上细菌和它们的酸性物质,混合构成生物薄膜,称为牙菌斑。从进食开始 20 分钟内,牙齿表面便开始聚积牙菌斑,若不予去除,牙菌斑便挟带酸性物质附着于牙齿表面,腐蚀牙釉质,从而展开龋齿进程。刷牙,使用牙线洁牙,并注意膳食类别是预防龋齿的最佳良方。牙膏中的氟化物则可以为牙齿重新建构矿物质,在齿面形成替代齿釉,而且比天然齿釉更能耐受蛀蚀。

就一般情况而言,口臭并不是病,不过许多人仍把它当成病症来治疗。口臭肇因于在缺氧环境中生活的微生物。厌氧微生物是口中的优势类群,有些厌氧菌实际上属于兼性厌氧型微生物。所谓"兼性",是指它们取用环境中的氧气,不管含量多么稀少都可以,等到氧气耗尽,它们便改为采用厌氧系统继续生活。环境中没有氧气时,厌氧菌依旧继续生长,而且有些种类在缺氧情况下,长得还比在完全含氧的条件下更好。

睡眠期间,口腔中的兼性厌氧菌将口腔微环境中的氧气耗尽,这类微环境包括齿间区域、牙周囊袋和舌面内陷部位。随后,兼性厌氧菌和真正的厌氧菌(称为**绝对厌氧菌**)便在无氧环境下生活,它们在厌氧生存期间会排出几种异味副产品,而且就算含量非常低,也会散发臭味。所以,口中的正常厌氧菌就是"晨起口臭"的起因。

口臭也可能是身体不健康的征兆,这时便与微生物无关了。酮病便为一例。禁食或饥饿时都会出现酮病情况,还有些案例是由糖尿病引发的。若因节食或缺乏胰岛素,导致无糖类可用,这时身体便开始释出脂肪储备来提供能量。含脂肪化合物随血液输往肝脏,在肝脏分解为三种化合物,统称为酮体。当这类挥发性酮在血液等体液中累积,并借由呼吸释出,于是呼气时便连带散发出带了水果味的"酮气息",这和微生物造成的口臭不同。

舌头后端和牙龈缝隙等位置也都和口腔恶臭有关。舌头和牙周有囊袋和内陷部位,可供细菌藏匿,无法被牙刷刷除,漱口时也不会被冲走。舌头后端也是取食鼻后腔滴流的绝佳位置,这也是细菌的一种食物来源。牙菌斑和牙周的牙垢都含厌氧菌,它们也制造恶臭化合物混入其间。

口臭似乎是美国人最怕的情况之一,美国人每年花在购买牙膏上的金额总计超过 18 亿元美金,加上 9.5 亿多元买牙刷和牙线,7.4 亿元买漱口水,7.15 亿元买口腔护理口香糖,还有 6.25 亿元买清新薄荷糖等口气清新产品。另外有件事也值得一提,最近刚成立了一个国际口臭研究协会!

难闻的化合物是正常菌群分解食物(特别是蛋白质)的产物。蛋白质由

氨基酸组成,氨基酸全都含氮,有的还含硫。含氮和硫的挥发性化合物是地球上最臭的物质。信不信由你,有些微生物学家的研究课题正是会释放出最难闻化合物的口腔菌群。这类化合物有些已经被检测确认,包括硫化氢(闻起来像臭鸡蛋味)、尸胺(闻起来像腐尸味)、丁二胺(闻起来像腐肉味)、异戊酸(闻起来像汗湿的脚臭味),还有闻起来像粪便味的甲硫醇和甲基吲哚。难怪人们在口气清新产品上要花那么多钱。

有几种方法可以预防口臭:轻轻清洗舌头后端;好好吃一顿早餐刺激唾液分泌,清洁口腔;充分喝水或嚼食口香糖,以免口中干燥;使用漱口药水;还有用餐后要刷牙,并用牙线清洁齿缝。

肠道微生物学

人类消化道内含物占体重的 8%。在整个消化道中,又以口腔和肠道微生物最为密集,两处的总量占体内微生物大部分。口腔细菌群落的总体密度很高,胃部较低,接着到大肠和直肠细菌量又增加。微生物要行经整个消化道,其中以通过胃部的行程最为凶险。胃壁可以分泌强烈的胃酸,进入胃部的细菌几乎全会被杀死,让胃液中的细菌数大减,每毫升只剩区区几个或几十个。有些细菌依靠藏身于未消化食物颗粒的内部,躲过胃酸的侵蚀,才得以通过胃部存活下来。

微生物学家从口中和粪便中采样来研究肠胃道细菌。可以想见,深入胃部和小肠采样会比较困难。因此,有关人类口腔微生物和粪生(或结肠)微生物的研究报告较多,大大超过研究胃部微生物和上部肠道微生物的论文数。

从胃部生还的幸运儿得以进入小肠,这里的环境适于再生滋长,微生物的数量也开始提升,细菌的数量在大肠或结肠达到高峰,每克粪便含菌量达几十亿或几万亿个。

肠道细菌有 400 多种,它们对人类有料想不到的好处:(1)制造维生素;(2)消化纤维类食物(蔬菜和水果);(3)制造氨基酸供人体取用,提供氮元素用来制造蛋白质;(4)激发人体对非原生微型有机体产生免疫反应;(5)与病原体竞争,争夺沿肠道内壁的附着位置。人类和自己的肠道细菌群的这种美妙关系称为**互利共生**。人类和自己的微生物群都是经由这种互利共生关系获得好处的。

当吃下少量腐败食物或可疑餐肴后,可能并不会生病。为什么?坏微生物和好微生物不是都同样喜爱肠道环境吗?许多种类或许如此,不过消化

偏利共生体和寄生体

当两类生物(如人类和人体内的微生物群)共同居住,其中一种获益,另一种则既没有好处也没有坏处,这种关系便称为偏利共生。举例来说,念珠菌是种偏利共生微生物,然而若有抗生素或其他情况影响细菌和酵母的均势关系,这时念珠菌便从无害生物变成病原体。至于寄生关系,则是指微生物获益而寄主受害。当发癣菌引发"香港脚"时,这种真菌就成为寄生体。

道内衬的细胞很聪明,能够区辨敌友。身体的免疫系统不会杀死正常微生物种群。原生微生物对人类的免疫机能具有免疫力,因为它们会制造化学物质,可以防止免疫系统发挥功能。然而食源型细菌等病原体并没有这项本领。当病原体进入体内,身体能够认出它们是入侵生物,接着便启动连锁反应,把病原体或病原毒素清出肠道,或由胃中排出。尽管这会引发干呕、呕吐和腹泻,结果并不舒服,不过身体这么做是对的,可以帮助把闯入者驱逐出体外。

消化道和皮肤表面的自卫措施更是完备, 可以对抗少量坏微生物。在日常生活中,我们一整天都在不断接触"莠草"(微生物坏分子),不过体内的正常菌群和免疫系统可以在不知不觉中消灭这群恶棍。这与五秒法则有什么关系?当饼干掉在地面,就算地上看来很干净,也免不了要沾上几个微生物,但是不论有害无害,健康人群的免疫系统都可以抵挡微生物的轻微攻势。

例行战斗

回顾日常生活例行事务,从早到晚,我们有几百项活动都依循微生物学准则来进行。平常接触到的微生物,有些虽具有潜在危害,不过大多受到了防腐剂或抗微生物产品的控制约束。下面列出平常可能遇上的一些潜在风险,但我们所遇见的大多数微生物并无恶意。

上午 6:00:闹钟响起。床单上可能沾染粪生微生物。

上午 6:05:刷牙。牙膏和漱口药水可以减少口腔细菌和滋生牙菌斑的菌种数量。

上午 6:10:淋浴。肥皂和水可去除死皮细胞、油腻皮脂,还有部分皮肤细菌和酵母菌群;抗头皮屑洗发精能杀死部分头皮酵母。

上午 6:20:浴室。止汗剂/制臭剂能减少滋生腋臭的细菌数量;含薄荷脑的足部爽肤粉可降低湿气,抑制真菌并减弱因细菌、真菌生长而散发的臭味。

上午 6:22:寝室。衣物、地毯和鞋子都含有细菌和真菌。许多地毯都曾用抗微生物添加剂处理。鞋垫含有碳粒和碳酸氢钠,可以减弱细菌和真菌发出的臭味。

上午 6:35:厨房。牛奶经巴氏消毒法杀菌,可以延缓被细菌污染变质的速度;生蛋有可能携带活体沙门氏菌,经过烹煮可以杀菌;火腿肉以亚硝酸盐保存防腐;用来做吐司的面包是酿母科酵母发酵后的产品。把食品摆进冰箱冷藏可以防止假单胞菌和乳酸菌等滋长,这样牛奶、奶油和黄油才不会酸败。冰箱还能延缓面包霉菌生长的速度。日常服用的维生素含有由假单胞菌类制造的维生素 B_{12},醋杆菌类(*Acetobacter*)制造的维生素 C,和由

真菌类棉阿舒囊霉菌(Ashbya gossypii)制造的核黄素。

上午 6:55：洗衣杂物间。更换宠物便盆铺料，消除变形杆菌分解尿液散发的臭味。把垃圾拿到户外，清除有机腐败物以免发臭。

上午 7:10：公共汽车站。其他乘客有可能携带具有传染性的病菌。

上午 7:15：公交车上。扶手、座位、硬币都染有细菌和病毒。使用护手卫生清洁剂来清除潜在传染性微生物。

上午 7:45：办公室。大咖啡杯、办公桌和计算机都染有细菌、真菌，还可能受病毒侵染。

上午 8:30：厕所。洗手间、厕所隔间、悬浮微滴，还有水龙头开关都有微生物藏身。洗完手再回到办公桌。

上午 10:00：点心。酸奶的牛奶原料含有链球菌和乳酸杆菌，采用巴氏消毒法杀菌。

中午 12:00：午餐。汉堡包是大肠杆菌等粪生细菌的潜在源头，妥善烹调可以杀死菌群。色拉有可能受粪便污染。冰红茶中的冰块有可能潜藏假单胞菌和大肠菌群。若是厨师或服务员没有养成卫生习惯，未遵循食物处理法则，那么所有食品都是潜在致病源头。

下午 12:50：汽水零售机。饮料供应器上有大批细菌。

下午 1:00：会议室。奶油馅甜甜圈上桌前若没有妥善冷藏，便可能潜藏乳酸杆菌。

下午 3:00：办公室。电话机上布满细菌，还可能染有病毒。

下午 5:15：健身中心。细菌和病毒借运动器材蔓延；游泳池水使用氯来杀死污染微生物；淋浴间地面染有细菌和"香港脚"真菌。

傍晚 6:25：火车。钱币有可能携带少量微生物。

傍晚 6:45：艺廊开幕。好几种霉菌随空调运转散播，许多空调系统有军团杆菌藏身。画作上的细菌和真菌摄食颜料和调色成分，真菌则会侵入木质画框。

晚上 7:30：住家。制作夹培根、莴苣和番茄的三明治，莴苣可能带有粪便污染物,而培根是以硝酸盐化合物防腐保存。通心面色拉食用前应放在冰箱冷藏,以免沙门氏菌和腐败菌群过度滋生。清洁用海绵会四处散播病菌。

浴室瓷砖会滋长沙雷氏菌和曲霉菌群霉斑。电视遥控器有可能沾染粪便污染物。猫是弓形体(Toxoplasma)原虫的潜在感染源头。

晚上 9:00:洗衣间。洗衣机可能将粪生细菌染上所有衣物,使用漂白剂和抗微生物洗衣剂有助于减轻污染。

晚上 10:15:刷牙。牙线可以清除食物残渣,以免各种链球菌借以滋生牙菌斑。

晚上 10:25:寝室。抗病毒纸巾能杀死感冒、流感等病毒。

总结

　　我们一天 24 小时期间的所有活动，几乎没有哪一项和微生物学牵扯不上关系。其中有害的或只惹点小麻烦的微生物最引人注意。不过，好微生物的数量远超过坏分子，而且有害的微生物也不会自行发动感染。人体有 3 项绝佳防卫武器可以保障健康，免受病原体的小规模侵袭：人体正常菌群、免疫系统和良好的个人卫生习惯。微生物首先得具备各种剧毒因子，加上寄主抵抗力脆弱，还得适逢良机，才能造成危害。一旦这 3 项要件备齐了，结果就可能十分惨烈喔。

第四部分

桀骜不驯的微生物

现在我们谈到这类研究非常微妙的一点，我想聊聊糖和酵母之间的关系。

——路易·巴斯德

（Louis Pasteur）

我们每天带回家中的微生物数量，以食品杂货袋里面装的最多。我们每喝下一口水，同时也咽下了更多微生物，其中大半是细菌。

自人类诞生以来，食物和饮水中的微生物就一直伴随在我们身边。早在显微镜发明之前，早期人类社会便面临挑战。为了确保饮食不含病原体，他们采用加热、干燥、烟熏、盐渍、腌制或发酵法来制作食品和饮料。从公元前 5 世纪开始，已经有人用盐渍法来保存肉类。我们祖先采用的保存方法在今日已经有些改良，科学研究或有贡献，不过主要还应归功于多年试错的成果。无论如何，传统保存技术迄今仍被沿用，而且和先民的做法相比，修改的部分少得令人吃惊。

显微镜问世以后，科学家便了解了水中微生物的细微构造。不过从公元前 50 年开始，罗马人已经认识到干净活水对健康的好处。罗马大都市都设有淡水输送渠道,供应沐浴用水和饮水。而下水道系统可以带走废水。还有在澡池里面洒点香料来调和香气,也可以看作初步的杀灭微生物的方法。当时的罗马人不知道抗微生物措施细节,不过他们或许本能地认识到,在浴水中添加香精油和各类花朵、植物萃取物,确实有些好处。

遗憾的是,罗马人率先开发的水质提升法,在往后几百年间却为人们所忽略。中世纪,废弃污水在街道横溢漫流、发出恶臭,这类事例不胜枚举。直到 1854 年,公共卫生机构才开始采用氯化合物来处理废水和"可饮用的水"。此后数百年来,以氯和次氯酸盐(以一个氯分子与氢和氧结合而成的化合物)处理水的做法始终没有明显改变。

"从马桶到水龙头"

水循环

地表的水和身体里面的血液相仿,两者都采用循环方式运行。水从海洋、湖泊蒸发,在云层间凝结,再化为雨水洒落湖泊与地面,随后又蒸发回归大气,或翻涌流向大海。有时一滴雨水会从湖泊经河川流过几千千米路程,汇入大海的湖海湾区和河口。野生动物和人类只是这个循环中的短暂绕行路径。

人们喝的水要么通过消化道并随着粪便排出,要么透过大小肠内壁被身体吸收。单由小肠吸收的水量,每天就达 9.5 升,不过小肠的吸收能力其实远高于此。人体所吸收的水分有 2/3 来自饮水和饮料。水分渗过肠道内壁扩散进入血液,然后便随血流分布到各组织,用来维系细胞结构并促使细胞发挥功能。许多营养学家都认为水是一种营养成分,和蛋白质、糖类、脂肪、矿物质及维生素并没有两样。最后,人体吸收的水便经由肾脏(日常摄取的水量约 60%随尿排出)或随着粪便(约 8%)、汗水(平均约 4%)排出体外,其余约 30%则从肺部蒸发或渗出皮肤向外扩散。因此,身体所含水分便回归大气,或开始流向污水处理厂的旅程。

污水处理

你大概料想得到,污水中包含大量从人类和其他动物身上排出的微生物。自然界的微生物也经由雨水冲刷,流入溪流并汇入污水。因此,污水是混合液体,里面有废水、雨水和自然溢流水、灌溉水,还有来自住家、城镇与各式各样源自野外的液体和固态废物。

所有污水处理厂都实行几项标准步骤来清洁污水。首先,废水进入处理厂,流进大型开放水槽。然后,纤小微粒经化学作用凝结,构成较大颗粒并沉积于池底。污水经这样部分净化之后依旧含有若干悬浮细小颗粒,细菌、病毒、孢囊等(含碳)有机物质依旧附着于颗粒,随后流入曝气槽,在槽中与有益菌混合。这群细菌的唯一工作就是进食,把细小颗粒中的有机物质尽量吃光,只残留大团烂泥。污水处理作业还包含一个看似矛盾的步骤,在移除微生物的过程中,必须添加几十亿个其他有益菌到水中,用来消化废物。处理干净之后便在水中添加氯化合物,把残存细菌全部杀死。这时还要把曝气槽中的烂泥泵入一处密闭槽中,好让厌氧菌群完成分解作用,并释放出最终产物甲烷。你或许曾在夜间见过污水处理厂燃烧甲烷,从一个高耸的水槽顶端冒出火焰。厌氧槽分解反应会释放出甲烷,必须不断排放,反应才得以持续进行。若累积过多甲烷,消化反应就会停顿。另外请注意,污水处理厂都坐落在城镇最低海拔处或邻近地点,这是为了方便汇集溢流水和都市废水。

污水处理程序可以去除含细菌和病毒的粪便。水中还有其他生物,包括藻类、原生动物、真菌、蠕虫、昆虫和软体动物。另外,还有两种随牛、羊和野生动物粪便排出的原虫,藏身在流向处理设施的水中,这两类原虫也就是先前提到的隐孢子虫和贾第鞭毛虫,露营的人如果直接饮用林间溪水便会遭受其侵害。

化学消毒剂可以对付病毒、细菌和藻类。至于毒素和其他悬浮物质,则可以用碳粉和先进过滤器滤除。滤清作用(让脏水通过滤器微孔,只有清水得以流过,大颗粒则被拦下)可以去除蠕虫、昆虫等大型生物。然而隐孢子虫和贾第鞭毛虫会形成顽强的小孢囊。隐孢子虫的孢囊(别名卵囊)直径为3—6微米,贾第鞭毛虫的孢囊直径则为8—16微米,虽然都比细菌大,却依然十分微小,偶尔会成为漏网之鱼,特别是当天降大雨,雨量超过处理厂污水处理容量时。另外,隐孢子虫对氯的耐受能力很强,能毫发无损地通过

处理厂。

污水处理技术已经有长足的进展，如今从多数先进处理厂流出的净水，其水质几无例外都远比自然界一切水源更干净。处理过的污水通常都回归海洋、湖海湾区或其他主要支流，有时则用来灌溉。若干年前，美国加利福尼亚州圣地亚哥水务区曾推行一项计划，但由于受到猛烈抨击而功败垂成，如今他们正倡导恢复施行该计划。当地官员对他们的净水处理专业技术深感自豪，认为水源如此稀少，应予回收、清洁，以供人们循环使用，于是他们当年为这项计划拟出一句吸引人的口号：“从马桶到水龙头”。然而，该水务区居民却不赏识这项计划所采用的神奇的科学技术，对于老百姓而言，他们认为一旦该项计划成真，他们的自来水恐怕就要变得污浊不清了。于是水龙头计划遭受到激昂民众的强烈抗议，终至功亏一篑。近来，该市重新推行这项议案，打算回收废水处理运用。回收水由水泵泵入蓄水池，和天然淡水混合，随后才输送到住家和企业用户。而且，这次政府官员学聪明了，将计划名称改为“水回收利用研究”。

饮水处理

一杯干净凉水清新爽口，让人恢复元气，也代表健康。但同时，我们每天喝水也一起喝下了一些细菌。

饮水处理和废水处理的做法雷同：一连串沉淀、滤清和消毒过程。饮用水和沐浴水都经过两次消毒，一次在处理初期完成，接着在处理就绪之前又消毒一次，之后才流入水管，导向住家和办公室。处理厂从蓄水库、河川、湖泊或水道汇集水流，处理完成的水便贮存在通常设于城镇内海拔最高地点的水槽中。

饮水通常以氯气和纯氯与次氯酸盐来消毒，使用氯胺、二氧化氯，还有氯与二氧化氯混合制剂也越来越普遍，还有些城镇使用臭氧。一般在水务区月报表上，都可以看到所居城镇所采用的消毒法。水质科学家已经确认，氯和次氯酸盐会对环境造成轻微污染,因此他们不断设计能兼顾环保的饮水消毒方法。

住处距离处理厂越近,水龙头流出的自来水含菌量就可能越低。尽管如此,微生物浓度往往呈现高低起伏,不同住家各不相同,同一住家在不同时间也有差别。

这种起伏现象分别由两大因素所造成:一为配水系统质量,以及是否存在生物薄膜。若水管腐蚀或管道中出现水流停滞角落,里面就会滋长大批细菌。新的建筑、住家和餐厅的配管中经常会有水流停滞点。当你在新造建筑中使用自来水或饮水机,可以先打开水龙头让水流动至少两分钟。只要住宅或办公建筑用户开始进行日常活动,就不必再多费时间让水流动。稍后你就会了解,瓶装水不见得比水龙头供水更安全。至于新的餐厅——你在那里毫无办法,只好点软饮料或酒来喝了!

水消毒法

饮水处理厂会采用不同药剂来消毒,有采用一种的,也有同时采用几种的:

次氯酸钠(漂白剂):很有效,不过几小时内便失效。

氯气:很有效,却具腐蚀性,并可能爆炸。

氯胺:作用速率低于纯氯和次氯酸盐,不过药效较为持久。

臭氧:由三个氧原子构成的气体;很有效,而且不会残留氯的味道和气味。

辐照:紫外线能杀死水中微生物,但阴天时效果不佳。

银:欧洲常用;效果不如氯。

生物薄膜由各种细菌混合构成,有时还包括真菌和藻类,所有输送液体的管道内壁,全都有这种薄膜附着滋长(图4-1)。生物薄膜长在配水管道

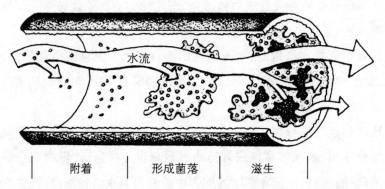

| 附着 | 形成菌落 | 滋生 |

图 4-1　生物薄膜的构造复杂，由微生物和多种物质组成，这种可以黏附于表面的物质称为基质。少数细胞粘上管壁后就开始增殖，并定居壁面。生物薄膜生成之后，里面的微生物便从流水中吸收养分，贮藏在由多种材料构成的基质中。生物薄膜还能保护它们免受消毒剂侵害。（插图作者：Peter Gaede）

内侧、船身外壳，还有溪河岩块和卵石表面。水生微生物能适应养分稀少的环境，生物薄膜菌群的特化程度更高，它们能适应流动液体，有些还能在湍流中生活。为了避免被水流冲走，它们会制造一种类似碳水化合物的大分子黏性团块，把自己牢牢固定在物体表面。这种薄膜也成为膜内微生物的粮仓，可贮藏由周围流水吸收的养分。此外，结成团块还能保护生物薄膜微生物不受消毒剂侵害。不管是哪种表面，一旦有这种混合质团黏附定位便极难清除。氯很难渗入生物薄膜，里面的微生物防护周密，大半能够存活。此外，管道中的生物薄膜经常碎裂剥落顺水流动，因此自来水的含菌量可能从十分稀少到间隔几分钟又出现几百、几千个。

　　一杯自来水中所含细菌数从不到 100 个到远多于 10 000 个，其种类多数不详，因为它们对健康没有重大危害。此外，根据一项广受认可的理论，摄食水生微生物利于强化免疫系统，对幼儿特别有益。

　　配水管线受损、腐蚀，有害微生物便可能侵入供水系统，接着粪便污染物和病原体就在社区配水管路中迅速蔓延，引发从轻微到严重的疫情。每个大肠杆菌和沙门氏菌都可以在水中存活至少 48 小时。尽管我们的净水处理做法时有改良，但根据 CDC 估计，每年仍有 90 万人罹患水传播性疾病。而全世界每年有 200 多万人因罹患水传播性疾病致死,相当于每天有 20 架巨型喷气式飞机坠毁致死的人数。

每隔 5 年,EPA 会颁布一份清单,列出常见于都市供水系统中的微生物种类。细菌是其中的优势类群,不过寄生型原虫(贾第鞭毛虫和隐孢子虫)、病毒和藻类也都榜上有名。

EPA 最近颁布的饮水中微生物规范为:(1)每毫升饮水异养菌(水中常见的混合菌群)含量不得超过 500 个;(2)每月水样检测出总大肠菌阳性反应者不得超过 5%,包括普通粪生大肠菌,尤以大肠杆菌最受瞩目;(3)病毒数必须减少 99.99%;(4)贾第鞭毛虫数必须减少 99.9%;(5)隐孢子数必须减少 99%;(6)饮水浊度(也就是混浊物质含量)限制。高浊度表示水中含有许多纤细颗粒,这种微粒有可能携带微生物。

各社区的供水源头、水质硬度、酸度和矿物质含量互异,因此相邻城镇饮水的微生物含量略有不同。于是当人们远游前往其他城镇,有时便会出现身体不适或严重症状,其中一项原因便是我们大都已经适应自己城镇的自来水。

随着美国配水系统基础结构逐渐老化,EPA 所列的饮水安全要件也越来越多,纽约市的下水道和供水管线便是一例,那里的管道已经使用超过 75 年。长久以来,大家都认为水井没有污染风险,然而一旦地表渗流侵入水井的地下水源(称为含水层),水井也可能受到病毒或细菌污染。污染渗流源自破裂毁损的化粪系统,过量雨水和溢流、负荷过重的都市系统,或源自这所有综合因素。据信,化粪系统是污染含水层、天然水泉和水井的主要祸首。

这些年来,许多人开始担心生物恐怖行动,怀疑供水的安全。一般来说,蓄水库是公开让人们进出的,尽管净水处理厂的保安措施逐渐加强,但看来还是不难成为被破坏的目标。美国国会曾酝酿几项议案,以制订公用事业基础建设保护法规。

但是,多数专家都同意,污染水质或许是生物恐怖行动潜在威胁中最

没有效率的做法。这里有 3 项令人欣慰的理由：(1)生物风险物质添入蓄水库，马上会被大量稀释，结果就算是非常剧烈的致命微生物，好比马尔堡病毒(Marburg virus)或埃博拉(Ebola virus)病毒，都不再能带来危害；(2)滤清法能有效杀灭病原体，如炭疽杆菌；(3)氯可以杀死残留的微生物，多数在抵达水龙头之前都会死亡。在政府的水源保护规章开始施行之前(如果真要施行的话)，我们对抗致命水质的最佳保障，就是所谓的"稀释效应"。

瓶装水

美国的瓶装水每升售价为 1—2.5 美金，但从水龙头取得相同水量，则花费不到 1 美分。美国人都乐于忽略他们经济决策的负面影响，购买形形色色种类日益增加的瓶装水来饮用。这类产品号称为纯净的清洁饮水，有了它，就不必喝从水龙头流出来的东西。消费者认为，偏远溪河流淌过高山森林，渗入含水层并化为山泉，接着当地殷实商人拿使用多年的瓶子细心装水，在完全洁净的条件下装瓶，然后运往店铺贩卖。这些瓶装水全是没有化学物质、没有污染的"纯 H_2O"。

或许有一两个牌子的瓶装水确实来自清纯的山间溪流，但其他瓶装水恐怕都是直接从水龙头取水。根据美国国家资源保护委员会资料，美国 25%—40%的市售瓶装水都是"瓶装自来水"。看看标示是否出现"取自市区水源"或"取自社区供水系统"字句，这些都说明瓶子里面装的就是自来水。

瓶装碳酸水所含微生物的种类和数量，与不含碳的普通瓶装水略相等。两种产品大致上都反映出装进瓶中之前的自来水水质。

瓶装水与水龙头中的水所含微生物种类大致一样，有时浓度还高于后者。瓶装厂干净与否、工人卫生习惯好坏，还有回收再使用的瓶子是否经过严格消毒，全都影响到瓶装水的微生物情况。各品牌瓶装水都归 FDA 管辖，遵循 FDA 颁布的清洁规章。社区供水公用事业单位则遵循 EPA 规章。检测自来水的规章比瓶装水检测标准严格得多。

"水有臭味"

都市供水、井水,甚至瓶装水都可能有怪味道和奇异臭味。一旦自来水水质令人不快,人们便会打电话找当地公共事业单位。用户的抱怨往往可归为以下 7 大类别:有氯的气味、有氯的气味和味道、有腐蛋气味、有下水道气味、有汽油气味或味道、有金属气味或味道,以及有土壤气味或腥味。其中有 5 项和微生物有关。下水道气味通常出自停滞水或很少使用的管道,因为微生物常会积聚在这些地方。腐蛋气味则出自硫化氢,也就是厌氧菌群产生的化合物, 这类菌群通常藏身河底或城镇蓄水库底层的泥巴里面。土壤气味和腥味都是藻类繁茂滋长的副产品。"藻类水华"(简称藻华)指称某地藻类迅速繁衍的情况,在受了溢流污染的咸水和淡水水域,这种情况已经逐渐带来严重健康危害。

氯的气味和味道则与水消毒方法有关。有氯的气味及味道代表水中氯的浓度很高。住在净水处理厂附近的居民会比居住较远地区的居民,更常察觉水中有氯。若自来水发出氯的气味,却尝不出氯的味道,这是缘于氯的化学特性,还有氯与有机化合物的结合方式,闻到氯的气味有可能代表水中必须增添氯,好让氯的化学反应保持均衡。处理厂工作人员会检测水中的各种氯成分,或许还可能决定添加剂量,直到这种气味消失为止。

自助净水处理法

在某些情况下,的确有必要对自来水进行再处理。如到偏远地区长途步行、露营,可以使用滤水器来滤除隐孢子虫和贾第鞭毛虫等原虫孢囊。另外,针对免疫系统极脆弱的人群,同样也建议把水过滤后再饮用。天灾或倾盆大雨过后,若区域水源受了污染,当地卫生主管单位便会发布居家水质净化方法。遇到突发情况,采用滤清法或漂白剂消毒法便可以保障饮水安全。

选用过滤壶和过滤瓶时必须细读标示,确认滤孔的"绝对孔径为1微米",确保能拦下3微米的隐孢子虫孢囊或2微米的细菌细胞。请注意,有些制造厂可能采用圆滑的术语,若标示写道"滤孔的标称孔径为1微米",这代表滤孔尺寸"平均"为1微米,部分滤孔则有可能大于1微米,大得足够让孢囊和细胞穿过。但如果滤水器上标示获美国国家卫生基金会认证,能够滤除孢囊或减少其数量,或者有"采用逆渗透法净化"字样,那么经过这种滤水装置处理的水便能安心饮用。净化水代表所有原虫孢囊都已经滤除,而且99.9%的细菌也已经滤除。滤水装置上可能还会出现其他术语,不过只有"绝对1微米"、"减少/滤除孢囊",以及"逆渗透"等字句才可以采信。

漂白剂可以净化水质,不过也可以改用氯锭、碘锭来消毒。使用时,都得遵循包装上的使用说明(表4-1)。

倘若手头没有滤水器或漂白剂,CDC建议先把水煮沸超过1分钟。CDC大力推介煮沸法,主张这是能杀死可疑饮水中有害寄生体的最佳方式。大多数州发布了各自的紧急情况下的"煮沸法规"。这些州的法规通常比CDC的更为严格,规定煮沸时间至少为5—15分钟不等。不过,煮沸法并不能去除毒性化学物质。

表4-1 漂白剂是紧急情况下的净水处理剂

水 量	水质澄清时添加的漂白剂液量	水质浓浊/肮脏时添加的漂白剂液量
2升水量	4滴	8滴
用法说明:使用不添加香料的漂白剂(5.25%的次氯酸钠),彻底摇匀,静置30分钟再使用。混合液应略带氯的气味,若没有气味,则还要再添加一剂漂白剂,摇匀,静置15分钟再使用。(美国俄勒冈州奥斯威戈湖净水处理厂,2006年)		

食物、微生物和你

你的食品微生物学知识大概比你的自我评估水平更高。实践微生物学知识只需 3 项设备：炉子、烤箱和冰箱。若再加上一支肉品温度计和一支冰箱温度计，你就可以自诩为专家了。少了这些便利器材该怎么办？每一代人都找到了保存食品供日后取用的方法，而且只靠一些食物病原体知识，甚至一无所知，都能成就这类发现。

食源性疾病

穴居时期的男女都遭受过微生物，以及微生物和植物制造的毒素的折腾，其中有些人洞察力特别强，有些人则纯粹是运气好，活了下来，与子女共享他们的知识。几千年来，人类采用烹饪法和冷藏法来处理食物，虽然大致上能让食物不受微生物侵染，但有时单靠烹饪或冷藏还不够，甚至不切实际。于是保存法逐渐演变，食物病原体也一一适应，演变出各种狡猾手法，让人类挖空心思保持食品安全、新鲜的构想落空。

发烧、寒战、头痛、腹泻、恶心，还有呕吐，很熟悉吧？食物病原体能引发其中若干症状，有些则可能导致所有症状。因为多种食物病原菌都会引发相同症状，因此医师很难诊断出致病的是什么病原菌。当疫情暴发时，不论致病微生物是哪一种，要循线索追踪回溯污染源头(称为"溯源")都很困难。疫情暴发源头很难被确定，因为不见得所有人都会生病，而且不只是受感染的人经常四处移动，不同食物病原体的潜伏期也长短互异。因此，食源性疾病经常出现不为人所知的个别案例。(与食物有关的非微生物源疾病称为食物中毒,由微生物引发的疾病则称为食源性感染,或食源性疾病。)
唯有地区医院在短期内涌进大批病人,医学专家才会揣测是否出现了食源
性或水传播性疾病(或化学毒性)。曾有几次案例,还是因为药店腹泻药物
突然卖得特别好,才循着线索察觉疫情。

浅谈食源性传染病的暴发

据 CDC 估计,美国每年发生食源性疾病的案例有可能高达 7600 万起,
其中多数的污染源类别不详。每年 325 000 个住院病例中,只有 20%可归因
于已知病源。每出现一起食源性疾病致死案例,背后约另有两起死亡病例,
只是从未溯源查出微生物污染源。

追查疫情暴发源头时,卫生官员必须先断定疫情是源自食物抑或水。
然后微生物学家便鉴定新的病菌,研究滋长要件,并抽丝剥茧探知它是如
何污染我们的食物链的。随后,他们还必须构思防范方法。在此期间,新的
病原体继续在人群中畅行无阻,让好几千人患病,使疫情在社区蔓延。然而
苦难多半在谜团破解之前便逐渐消退。

尽管我们很少思虑及此,社会和生活形态确实会助长食源性疾病肆
虐。对整个人类而言,总有新的感染在旁窥伺,威胁全人类的健康。另外,有
越来越多的证据显示,压力会大幅提高染病概率,当身体防卫机能减弱,门
户洞开,疾病便能长驱直入。

整个国家的生活形态发挥着重要作用,促使病原体从农庄传至餐桌。
父母不再教导子女粮食收获、清洁的基本知识,也不像祖先那样传授健康
的食材预备方法。美国人大都食用饱含防腐剂的包装食品,几乎所有家庭
的例行饮食都包括快餐食品和餐厅餐点。换句话说,这种饮食习惯是仰赖
其他人来为自己准备食物。当然,食品业有一套管理规章来保障食品安全,
这套体系包括法规、指导咨询和标准程序,大多时间该体系都在发挥作用。

人们逐渐向各城市中心迁移,疾病因此可以迅速传染给好几千人,这
种情况和 100 年前不可同日而语。此外,我们日常生活的节奏越来越快,

许多保健专家都认为这导致民众忽视食物安全处理方法，远离良好的卫生习惯。

翻翻历史书，和食物有关的疫情多半与微生物有连带关系。至于化学物质和杀虫剂、食物添加剂，还有天然生成的毒素，影响就比较轻微。

CDC列出导致食源性疾病的主要微生物种类包括：沙门氏菌、大肠杆菌和O157:H7型大肠杆菌、葡萄球菌、弯曲菌、梭菌，还有别称诺沃克病毒的诺罗病毒类。偶尔还有些病症，经溯源发现其病原体是志贺氏菌、甲型肝炎病毒和隐孢子虫（原虫孢囊）。肉毒杆菌（Clostridium botulinum）引发的肉毒中毒则比较罕见。不过，当你急着上厕所时，你或许不会太介意祸首究竟是哪种微生物。遗憾得很，到这个阶段才来防范就已经太迟了。

食品中的微生物种类很多，同种食品所含的同类微生物数量也可能多寡不一。还有些种类则尚未经微生物界鉴定确认，因此不会被人察觉，必须等到技术改良，才能在食物中发现它们。每克食品中所含微生物数量殊异，从不到10个到超过1亿个都有。当食品所含微生物数达到每克1000万到1亿个时，食物就会开始败坏，恼人的异味、讨厌的味道和（或）黏稠质地都是食物腐败的征兆。这是微生物在分解食物，最终产物（臭味、味道不好或颜色改变）逐渐累积，导致食品的结构成分变差（结实、黏稠程度改变）。

造成食物腐败的细菌不见得就是携带疾病的种类，而病原体或许不会导致食品出现显著变化。色拉染上大肠杆菌等粪生微生物时，外表几乎看不出任何征兆。再者，有些病原体只须滋生十几个细胞，就可以引发严重病症，有时甚至会造成死亡。食品变质是个征兆，我们很容易就能避开这类食物。但污染物本身是看不见的（这是五秒法则的根本原理），而且可能出现在刚拌好的色拉或刚出炉的汉堡包上。

食物提供人类丰富养分，也会促使细菌大量滋长，因此牛奶、奶酪、肉类和鲜果蔬菜，比经过较多加工、防腐手续（冷冻或罐装）的食品更容易腐败。坚果和未经烹煮的面条等干燥食品含有丰富营养，不过因为含水量低，不足以孕育微生物，所以干燥食品摆放较久才会变质，而且通常是发霉，因

为霉菌滋长所需水分较少。

含菌量高的食品包括生鲜牛绞肉、牛奶、鸡肉、火腿、牛排和烘烤肉类、虾、生菜色拉和罐装鲔鱼。调味香料虽然湿度很低,但细菌和霉菌含量却是出名的高:每克黑胡椒粉的细菌含量介于 100 万—1000 万之间;姜粉每克菌数可达千万。这里只列举少数实例,不过并不代表其他食品都不含微生物。我们吃进去的东西,几乎全都含有细菌,有时候数量极多。

食物生产现状

污染问题

我们的祖父辈和他们的先辈如何料理食物,他们怎么有办法不用食品温度计,单靠效用可疑的冷藏箱,就能端出健康的餐饮?在后院种菜、每周宰杀一头有蹄类动物的时代已经过去了。现代西方社会的食物生产特色是集中、批量加工水果蔬菜,还采用大规模处理作业,每天把几千只动物转变为牛排、羊肉片、水牛城鸡翅等。生产效率惊人,病菌散播现象也很惊人,从动物到处理人员到机器设备,再染上汉堡包或袋装什锦蔬菜。

蔬菜和水果

蔬果的加工程序部分是在田间完成的, 农民摘除部分叶片和残破组织,随后才把作物投入机器挤榨、去皮、去叶等。于是,土壤和工人手上的脏东西很容易沾上生鲜蔬果。水、空气、昆虫和肥料都会进一步滋长更多微生物,倘若附近有动物,它们的粪生微生物也会搭上便车。若是田野不时被水淹没,或清洗家牛的冲刷溢流汇入水中,那么这种脏水也会包含各式各样的粪生微生物。最后,野生动物也可能在农耕地留下污染物。

植物不单是表面含有细菌和酵母,微生物还会进入植物的导管。所以将生菜洗干净再拌色拉会有益处,但是潜在的危险的微生物依然藏在里面。

肉类和蛋类

动物的肌肉、神经和血液等体内组织,应该完全不含微生物。换句话说,动物组织是无菌的。(如果组织受污染或感染,便可能引发一种称为败血症的严重疾病。)不过,肠内的微生物含量就很多,是地球上数一数二的微生物高密集地点。屠宰场的空气中有许多纤小含水微粒四处飘荡,细菌便随着这些悬浮微粒到处散播。肠内容物的纤小液滴和溅起的水花很容易染上附近的牲口尸骸。尽管想方设法处理气流走向,并采取各项措施来确保手工操作卫生,屠宰场依然是个混乱的地方,到处都是高速繁复的肢体动作。在这种情况下,肉品受到污染是意料中的。

由于微生物和肉类是天生的亲密伙伴,文明社会早就明白蛋白质营养源的保存方法有多么重要。肉类保存法能改变肉品外表的物理环境,让细菌难以在上面着生,因此能延迟腐败。冷藏和冷冻、湿气含量控制,还有抽除包装内的氧气,都是延缓污染物滋长的典型做法。农业院校投入大量心血进行研究,想找出能减轻肉类食品潜在污染的最佳处理条件,也希望开发出最好的包装材料。

牛排和牛绞肉表面都有微生物栖居。但就外表总面积来看,一片牛排比汉堡包肉小得多,因此汉堡包更容易成为细菌的取食对象。随着肉类从尸骸加工切成大块批发肉品(肩肉、肋肉、胸肉和腿肉),再处理切成较小的零售肉块(肋眼、里脊、小排等),表面积也随之扩大。绞碎肉品让表面积大幅增加,就连大小适于炖煮的后腿肉块,总面积也超过烘烤用的肉片和牛排肉。肉类含有丰富营养,表面积扩大了,可供微生物摄取的养分也增加了,况且接触氧气的面积也会随之扩大,这些情况都有助于微生物滋生。

蛋不太容易受到微生物侵染。蛋刚生下来时多半不带细菌,不过若是母鸡的卵巢受到感染,生下的蛋也可能染上沙门氏菌等菌类或各种病毒。吃了生鸡蛋或半熟的蛋,有时会带来严重恶果,不过这多半是在敲破蛋壳时,壳上的微生物侵染蛋白、蛋黄所致。就像取自动物的其他食材一样,蛋

也一定要煮熟,确保内在所有微生物都死亡之后才能吃。

美国农业部食品安全检查署负责几项计划和检验措施,期望能确保家畜、家禽肉品和蛋类都不含任何病原体。最近,食品安全检查署制定出家畜、家禽加工厂的检验标准,规定牛绞肉和加工肉必须通过沙门氏菌、普通大肠杆菌、O157:H7 型大肠杆菌含量检测,即食肉类、色拉和肉酱则必须通过金黄色葡萄球菌毒素以及单核细胞增生型李斯特菌含量检测。蛋类则必须接受沙门菌含量检测。

全面检验国产和进口的肉品、蛋类是一项浩大的工程,而且花费金额之庞大令人却步。执行时只能采取随机方式,抽选受检体来做微生物化验。难怪这项计划会受到严厉批评,指责检测不当或检测数量太少。检测员不是超人,他们见不到微型生物,单凭肉眼检视动物尸骸是无法断定上面有多少病原体的。但是采集受检体送实验室检验也有缺点,等到大批尸骸受检体采集完成,测定出微生物成长情况时,该批肉类早就被送上卡车,运往你最喜欢的快餐店或生鲜杂货卖场了。鉴于美国的肉类制造、加工和消费规模,病原体从肉品和蛋类传播给人类的发生率其实非常低。只有当疫情暴发时,我们才会知道食物供应链的薄弱环节在哪里。

有机食品和最轻度加工食品

在农场或田野,有机食品和最轻度加工食品的微生物含量与种类和大量生产的食品并没有两样。获得有机认证的家牛同样会排出大肠杆菌和O157 型大肠杆菌等病原体,而且这群微生物也会污染有机肉类,与非有机肉类制品相同。

没有经过巴氏消毒法处理的牛奶逐渐受到消费者喜爱,这种产品有时以"生乳"名称上架销售。生乳是几十年前最受欢迎的饮品,当时许多家庭都种植作物、饲养乳牛和肉用动物,当时或许有一定比例的家庭因饮用生乳生病,但依旧没有正式记录。如今,有机生乳的生产规模更大,配销范围也扩大了。每年都有好几百人由于饮用、取食未经巴氏消毒法处理的乳类制品而生病。最主要的病原体是单核细胞增生型李斯特菌、大肠杆菌、空肠弯曲菌($Campylobacter$ $jejuni$)、产气荚膜杆菌和沙门氏菌等类群。

巴氏消毒法把奶类制品的每个分子都加热到特定温度，并持续一定时间。液态乳采用巴氏消毒法加热到 72 ℃，至少持续 16 秒，也可以加热到 63 ℃，至少持续 30 分钟。巧克力奶、冰激凌或蛋酒等混合乳制品消毒时温度略高，持续时段则相等。巴氏消毒法无法杀死所有细菌，不过多年使用下来，也从未出现严重疫情，这证明巴氏消毒法可以压低病原体数量从而达到安全水平。经巴氏消毒法处理过后，残存菌群终究还是会让牛奶变酸，其种类包括假单胞菌、产碱杆菌($Alcaligenes$)、产气杆菌($Aerobacter$)、不动杆菌($Acinetobacter$)和黄杆菌($Flavobacterium$)等菌群，除了见于牛奶之外，这类细菌也常见于自来水中。

美国有些州的法律准许贩卖生乳和乳类制品，但跨州运输销售却属非法，而有些州则不准销售任何生乳制品。若你拥护未经巴氏消毒法消毒的乳类制品，请核查供货商是否依法取得许可，得以在你居住的州境内销售这类产品，并检阅数据以确认乳品卫生措施和审核记录。不过请注意，不论加工过程看来多么"干净"，微生物终归是看不见的。CDC 不建议饮用未经巴氏消毒法消毒的乳制品，尤其是幼童、老人、孕妇和免疫缺损人士，承担的风险更高。

别认为有机蔬果不带任何病原体。首先，有机农场不用化学肥料，而是采用大量堆肥来提供氮肥促进植物生长。拿牛粪便为农作物施肥，受 O157 型大肠杆菌等菌群污染的概率便大幅提高。第二，有机制品通常采用小规模作业生产，和机械化大型农场相比，小型农庄较常采用人工手动操作，更容易由双手、咳嗽、打喷嚏来传播病原体。第三，有机农产品有时通过配销链营销各地，由于输运路线繁复，要历经转折才运到市场，因此微生物有更多时间在农产品上滋长。

消费有机肉类和农产品是个人的选择。据估计，有机产品消费者的发病率和非有机食品消费者的染病概率大致相等。食用生乳制品会使一部分人患病,应予禁止。

益生食品

益生饮食的目标在于增补某些微生物数量,特别是乳酸杆菌和双歧杆菌(Bifidobacteria)。益生食品背后的理念是,现代人饮食普遍不够均衡;脂肪和单糖类过量,多糖和蛋白质不足,这样的饮食不但有害健康,还可能含有致癌成分。按照益生食品拥护人士的说法,在食品中增添菌类,可以带来好处。增补菌类的优点很多,如益菌可以和肠道中的病原体竞争、预防旅行者腹泻症、改进消化机能、强化免疫力、补充维生素,还能中和致癌化学物质。

在市场上营销多年的酸奶等食品,能提供益生食品所含菌群。尽管业者宣扬益生饮食的种种好处,不过目前还没有临床证据支持他们的广告说词。

海鲜

海鲜的污染形式和肉类相同。快速、繁复的处理和预加工都有利于病菌蔓延,加上忽视卫生、加工生产线工人犯错,都会提高微生物数量。接触海水也会造成污染。再者,鱼类和贝类都栖身水域,不论水质好坏,只能一概承受。淡水、海水受了污染,海鲜也跟着受污染。牡蛎、蛤蜊和贻贝最容易受影响,因为它们栖居岸边水域,而滨水社区有时会排出污水。想想我们经常生吃牡蛎、蛤蜊,而且还整只吞食,连肠子一起咽下。由此也可以说明,为什么养殖贝类的水域都有严密监控,一旦侦测到高含量粪生微生物,那片水域就必须封闭。美国施行海岸规范计划来确保贝类安全,由 FDA 国家贝类卫生规范单位负责管辖。

海鲜污染源包括几个常见"嫌犯":大肠杆菌、沙门氏菌和葡萄球菌。新近捕获的鱼类也可能受细菌侵染,相信这多半是船上加工作业造成的。鲜鱼在食用前应该摆在冰上、置入冰箱,或冷冻。若在购买前怀疑鱼类没有被妥当存放,则千万不要购买。

不论在餐厅、食品加工厂或家中,食材的处理方式都会大大影响食物产品接触病原体的机会。食品受到污染多半是因处理不当造成的,直接在田野、农场或水域受到侵染的情况比较罕见。根据 CDC 的报告,就目前所知,食源性疾病案例最常牵涉到下列几种情况:(1)储存温度不当;(2)个人卫生习惯不好;(3)没有煮熟;(4)器材、工具受到污染。和细菌感染相比,食物受病毒感染的情况算是很罕见,就算有也几乎毫无例外全都是源自工人的个人卫生习惯很差,或带病处理食品所致。而隐孢子虫或贾第鞭毛虫污染和食品来源不安全也有连带关系。怎样才能算是"不安全的来源"?举例来说,位于乳品农场下游的蔬菜产地就算是一种不安全来源。

食源性疾病预防方法

根据已知病源疫情来看,最常见的传染媒介为鱼类、贝类、色拉、蔬果、鸡和牛肉,不过其中以多重病源最为常见。主要微生物元凶则为沙门氏菌、大肠杆菌、梭菌和葡萄球菌。食源型病原体多半会引发相似症状,潜伏期则长短各异,从摄食后到发病时段各不相同。这些细菌的感染量(能让人生病的特定微生物细胞数)也各有不同(表 4-2)。

一般而言,我们很难掌控餐厅餐饮和快餐食品的卫生,不过还是可以采取几项做法,略微降低食源性感染概率。上餐厅吃饭时,除非确知那里以讲求卫生著称,否则别点半熟或是生的肉类、海鲜。不喝未经巴氏消毒法消毒的果汁和乳类饮品。检查食用的生菜色拉,确认所有叶菜都清洗干净,不带泥沙,也没有小昆虫。注意用餐环境,若地面很脏、角落积尘、餐桌污秽,那么厨房恐怕也不会干净到哪里去。在快餐用餐区花个几分钟,很容易观察到柜台服务人员的举动和卫生状况。检查工作人员有没有戴上手套和发网;注意他们离开服务区时,有没有脱下手套,回来时是否已经换戴新的手套。

戴手套处理食物是注重卫生的做法,不过还是必须时时更换。每次完成一项工作,好比处理汉堡包生肉饼,都要马上把用过的手套丢掉。下回到

表 4-2 美国食品及药物管理局《有害菌和致病毒素手册》(*Bad Bug Book*)所列食源型病原体之特征。数据引自该管理局所属食品安全暨应用营养中心网站(Center for Food Safety and Applied Nutrition Website)

食源型病原体				
食源性疾病	常见食品	潜伏时段	感染症状	剂　　量
沙门氏菌症 (沙门氏菌)	生肉、家禽、蛋类、乳类制品、鱼、虾、盒装糕饼材料、奶油馅点心、调味酱、色拉酱、花生酱、可可粉、巧克力	6—48 小时	恶心、呕吐、腹绞痛、腹泻、发烧、头痛	15—20 个细胞
葡萄球菌感染 (金黄色葡萄球菌)	肉类制品、家禽和蛋类制品、色拉(马铃薯、通心粉)、奶油馅酥饼、奶油馅饼和巧克力泡夫、三明治馅料、乳类制品	迅速发作	恶心、呕吐、干呕、腹绞痛、衰竭	不到 10 微克毒素，或每克食物含菌数超过 10 万个
肠胃炎或旅行者腹泻症(产毒型大肠杆菌)	水	24小时	严重水泻、痉挛、轻度发烧、恶心、心神不宁	1亿—100 亿个细胞
小儿腹泻(致病型大肠杆菌)	半熟的牛肉和鸡肉	24 小时	严重水泻或带血丝腹泻	婴儿：不到 100 个细胞；成人：100 万个细胞
痢疾(肠侵袭型大肠杆菌)	汉堡包、未经巴氏消毒法消毒的牛奶	24 小时	便中带血和黏液	10个细胞
出血性结肠炎 (O157:H7 型大肠杆菌)	半熟汉堡包、芽菜类、果汁、即食色拉	24 小时	严重痉挛和带血丝腹泻	约 10 个细胞
李斯特菌症(单核细胞增生型李斯特菌)	生乳、奶酪、生肉、香肠	12—24 小时	败血症、脑膜炎、脑炎	1000个细胞或更少
弯曲菌症 (弯曲菌)	烹调不当的鸡肉	2—5 天	腹泻、肌肉酸痛、头痛、腹痛、发烧	400—500 个细胞

(续表)

食源型病原体				
食源性疾病	常见食品	潜伏时段	感染症状	剂　量
肉毒中毒（肉毒杆菌）	酸度不够的罐装或渍藏食品（四季豆、玉米、蘑菇等）	18—36小时	虚软无力、眩晕、复视、呼吸和吞咽困难	几纳克（毫微克）毒素
诺沃克病毒	色拉、牡蛎、半熟的蛤蜊	24—48小时	恶心、呕吐、腹泻、腹痛（短暂轻症）	约10个病毒
甲型肝炎	贝类、水、色拉、冷盘、水果和果汁、牛奶制品	10—50天（视剂量而定）	轻微发烧、心神不宁、恶心、厌食、腹部不适、黄疸	少于10—100个病毒

快餐餐厅用餐时，先花几分钟观察伙房人员碰触哪些东西，做了哪些事项，是否都戴着同一副手套而没有更换。

即使我们挖空心思力保餐饮安全，也管不着厨房后面料理食物的人，无法制止他们在碰触自己的鼻子、嘴巴后，就把双手插进生菜色拉中。接受事实吧，几乎每个人时不时都要染上食源性或轻或重病症。

换言之，在自己家里就比较有办法预防食源性疾病了，再吃坏肚子可没什么借口来解释。当然，你必须先拥有几项设备：炉子、烤箱、冰箱（和冷冻库）、温度计。不过注意，居家自备餐饮有时候也会导致食源性疾病，这是因为有些人可能在处理食材上走了捷径或忘了食品卫生，又或许是因为他们太忙，或太自信了，自以为"没那么倒霉"。小心，人性可是会影响大局，让食源型病原体取得优势喔。

美国食品安全检查署颁布了有用的情况说明书，说明如何处理、预备食物，包括美国农业部经管的食材类别：肉类、家禽、蛋类和蛋类制品、季节性食品（如烤肉料、节庆餐饮和露营/食物）和邮购食品。

预防食源性疾病的基本法则为：烹煮肉类直到流出的汁液澄清为止；

烹调鱼类时要煮到鱼肉片片分开;蛋类要煮到不流汁为止;洗蔬果时要打开水龙头用冷水彻底清洗;检查你所居住社区自来水的水质,有干净的水,才能放心用来清洗食品;还有,要时时注意预防砧板、厨具和其他物品表面的交互污染。交互污染是指还未烹煮的食材把微生物沾染到其他食物上面。将蔬菜摆在刚切了生肉的砧板上,就是常见的交互污染方式(表 4-3)。

什锦生鲜色拉料包有时受 O157 型大肠杆菌污染,造成散发性传染病。就算料包标示"已洗净"或"即可食用",还是要把所有色拉料和绿叶蔬菜全部清洗干净。处理生菜、水果前一定要洗手,千万别让蔬果碰触生肉遭致污染。

表 4-3　食物安全基本法则(美国华盛顿州立大学环境卫生和安全处提供)

养成良好的卫生习惯:头发向后挽;穿着干净衣服或围裙;生病时别预备或料理餐饮。
洗手:请遵照本书第三部分的说明。 ●预备餐饮前,每次休息、搬动餐盘,还有碰触钱币后都要洗手。 ●每次处理生肉或鱼类之后都立刻洗手。
正确调节烹饪温度: 使用精确温度计插入食品中央位置;烹煮温度至少应达: ●家禽(整只或绞肉)、砂锅肉、镶肉菜式:74℃ ●汉堡包、牛绞肉、猪肉或羊肉:68℃ ●猪肉:65℃ ●牛肉、羊肉、海鲜、蛋类:60℃ ●豆类、米、面、马铃薯:60℃ ●半熟烤牛肉:55℃
吃剩的食物要立刻且完全冷却:7—60℃属于"危险温度范围",缩短食物维持在这个温度范围内的时间;4小时内必须冷藏;冷却时别盖盖子,也别把锅盘叠成一摞;把肉类切成小块,每块不要超过2千克;冷却液体食材(汤、酱料)时要经常搅拌。
降低交互污染概率:即食食品要放在冰箱最上层搁架上,生鲜蔬菜放在中层,生肉则放在下层搁架;食物解冻时会流出汤汁,留意不要让它滴到其他食物上;厨具和砧板使用前都要清洗、消毒;用干净抹布擦拭表面,用手巾擦干双手,别拿同一条来做两种用途。若生菜碰到生的肉类、家禽、海鲜或淌出的汁液,就把生菜扔掉。

　　如今食源性疾病是否比以往造成更大危害，科学界对此有不同见解。现代食物处理、加工方式和制造厂的卫生措施多有改良，许多重大威胁都已减轻。不过，大量生产和进口的食品数量日渐增加。在自家预备餐饮的家庭减少了，对卫生也不再那么讲究。我们的食品供应链每天都有新的病原体现身。

对抗病原体的防护措施

有些食物为病原体提供优良的生长条件，另有些则构成严苛环境，例如含酸度高的食品能避免侵染，因为许多菌种受不了酸性环境。但有几种微生物还是能在酸性环境中滋长，这就是保存食物时必须小心应付的类群。干燥食品和低湿度食品也让病原体难以栖身；只有能够耐受低湿度的微生物(霉菌)，才能在干燥条件下使食物变质。

弯曲菌和乳酸杆菌类群是能在酸性食品中生长得很好的细菌，另有些则很能适应酸性到中性环境，包括沙门氏菌、金黄色葡萄球菌、肉毒杆菌、单核细胞增生型李斯特菌、化脓性链球菌和蜡质芽孢杆菌(*Bacillus cereus*)。偏爱非酸性食品的病原体种类极少，志贺氏菌是其中一类。

食物加工法会影响食品的天然抗微生物机能。**干燥法**是最古老的食物

高含酸食品包括：葡萄柚、柠檬、酸橙、橘子、桃子、菠萝、李子、浆果、樱桃、葡萄、杏仁、苹果、番茄、蔬果汁、果酱/果冻、醋、腌渍食品、绿橄榄、德国酸菜、白脱牛奶、蛋黄酱和软性饮料。

酸性食品包括：四季豆、甜菜、球芽甘蓝、胡萝卜、莴苣、洋葱、香菜、豌豆、胡椒、马铃薯、菠菜、南瓜、黄瓜、香蕉、牛绞肉、火腿、牡蛎、三文鱼、大多数奶酪、黄油、奶油、蛋黄和面包。

中性食品包括：玉米、罗马甜瓜、羊肉、猪肉、鸡肉、鲜鱼、虾、蟹、蛤蜊和牛奶。

碱性(非酸性)食品包括：卡芒贝尔奶酪、蛋白、全蛋、酥脆饼干和多数糕饼类。

保存方法,除了能够抑制微生物滋长外,还可以让食物较不容易腐坏,也更方便储藏、包装。另一种古老方式是**烟熏法**,木料燃烧产生的烟尘中所含化学物质除了具有抗微生物功能,也能让食品带上特殊风味。**腌制法**则是采用多种化合物来改变食品的风味、色泽或质地,还能抑制食品变质。传统腌制法包括提高蔗糖(糖分)或氯化钠(盐分)含量,并添加亚硝酸钠或硝酸钠。亚硝酸盐和硝酸盐也可以用来制造火腿和培根。

随着食品物理特性的改变,原本最适于细菌和霉菌滋生的环境也跟着改变了。新鲜水果可以贮藏在含氧量略低的场所,某些肉类和鱼类也可以这样存放。真空包装法也有相同功能,可以让食品接触较少氧气。

防腐剂

想到防腐剂,一般人脑海中往往都会浮现出一些不存于自然界的化学添加物质。其实,糖和盐(天然化学物质)也是防腐剂(表4-4)。存于自然界

表 4-4　常用食品防腐剂

抗细菌效果最佳种类:	
● 氯化钠或氯化钾	● 抗坏血酸钠
● 乳酸	● 抗坏血酸(维生素 C)
● 柠檬酸	● 异抗坏血酸钠
● 亚硝酸钠、硝酸钠	● 丁基羟基甲氧苯
● 丙烯乙二醇	● 丁基羟基甲苯
● 乙二胺四乙酸	

抗霉菌效果最佳种类:
● 苯甲酸(主要用来对付酵母菌)
● 苯甲酸钠或苯甲酸钾(主要用来对付酵母菌)
● 山梨酸钾

对细菌和霉菌都有抑制效能的防腐剂:	
● 磷酸钠	● 脱氢乙酸钠
● 丙酸	● 铝酸钠
● 丙酸钙	● 磷酸盐
● 亚硫酸氢钠	● 磷酸(只用于苏打饮料)

的有机酸类也具有抗微生物效用,可以作为食品添加剂,山梨酸、苯甲酸(安息香酸)、乙酸(醋酸)和柠檬酸都可以用来处理若干食品,使微生物难以滋长,同时能让食品带有独特滋味(如德国酸菜、腌渍食品和醋)。

酸能改变食物性质,从而抑制细菌和霉菌生长。酸还能破坏细胞膜、酶,以及微生物的养分摄取功能。糖会吸收水分,让菌类无水可用。盐则会释出离子,摧毁细胞膜、酶,并破坏其他细胞活动。

而其他化学防腐剂名称要么阴狠十足,要么无从理解。当您从食品包装标示上读到六偏磷酸钠、酸式亚硫酸钾或乙二胺四乙酸一类名称,大概都要愣一下才能读懂。FDA采用两种做法来检测、核准防腐剂上市。许多防腐剂都是用动物做试验,并被认为类推到人类消耗水准也确属安全。其他防腐剂则从未经过广泛试验,不过由于沿用多年,政府相信历史证据十分确凿,足以证明使用安全,这类防腐剂是**公认安全**的化合物。对许多人来讲,这仍旧是必须权衡得失的抉择,一方面是一辈子食用这类化学物质的潜在害处,另一方面是防腐剂对致命食源型病原体的即刻、强烈杀灭功效。

亚硝酸盐和硝酸盐类化合物统称为氧化剂,其化学性质使其能有效对付厌氧菌群。乙二胺四乙酸并不直接影响微生物,不过可以提高其他防腐剂的效能。

在食品中混合添加各式防腐剂的效果最好。没有一种防腐剂能符合所有要求,既能抑制微生物,又能混入食品成分中而不影响风味和气味。防腐剂混合成分得依食品类别来选择,还要考虑最可能造成变质或污染的微生物类别而定。将这类化合物混合使用,能发挥协同效果,也就是说多种混用时,各种防腐剂的效用都比单独使用时更好。在食品行业,这种强化防腐效力称为栅栏效应(也称为障碍效应)。这个构想是施加多种防腐剂,每个微生物就得先克服各种难关,才能开始滋长深入并使食物败坏。一种防腐剂或许只能减弱有害菌的功能,第二种让已经衰弱的微生物雪上加霜,这时微生物饱受防腐剂打击,已然无力自保,于是第三种便很容易把它们杀死。按照栅栏效应原理(图4-2),各种防腐剂的剂量都可减少,不必像单独使用时施用那么多。

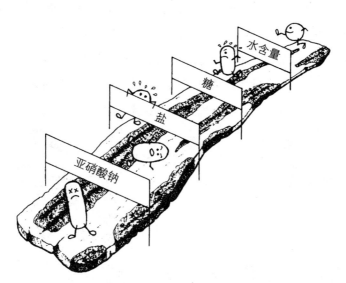

图 4-2　培根内的栅栏效应。盐、糖、水含量、硝酸盐和亚硝酸盐,还有阻隔氧气的
包装,都迫使微生物必须跨越一连串的防腐剂栅栏,才能开始让食品腐败。[引自
亚当斯和莫斯著《食品微生物学》第二版 (M. P. Adams and M. O. Moss, 2000,
Food Microbiology, 2nd ed., Cambridge, UK, Royal Society of Chemistry)。]
(插图作者:Peter Gaede)

食品益菌

　　有些细菌、酵母和霉菌因为各具功能,所以才得以出现在食品中。有些
能带来独特滋味(腌渍法),有些可以把某种食物变换成另一种食品(从水
果变成酒),另有些则是为加强保藏效果而添入(奶酪)。

　　添加精选微生物的技术已经沿用了几千年,用这种方法制成的新食品
为早期社会的饮食品种增添了许多花样,同时先民也得以善用食品,供应
整年食用所需,不必听任食物腐败。这或许可以算是食品工程的最早期运
用。举例来说,大麦经适度烹煮,采用浸渍、糖化等工程技术,便能制成一种
琥珀色液体(称为啤酒花麦汁),再添入卡氏酵母(*Saccharomyces carlsber-
gensis*)促成(生物)发酵,最后便酿出啤酒。

　　提高全球食物生产效率是生物工程法的一项目标。自 20 世纪 90 年代

迄今,细菌、酵母和病毒都被拿来做这种用途。这类技术的步骤包括:检测微生物的特性(称为性状),找出合意的性状,搜寻包含这种性状指令的基因并拿来复制,接着把这种基因插入动植物的遗传物质(DNA)。插入法可采用数种方式进行。有种常用做法是找出会侵染目标植物细胞或动物组织的另一种微生物,然后把有利基因引入那种微生物(图 4-3)。

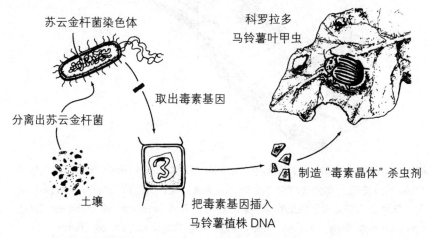

苏云金杆菌染色体

科罗拉多
马铃薯叶甲虫

取出毒素基因

分离出苏云金杆菌

土壤

把毒素基因插入
马铃薯植株 DNA

制造"毒素晶体"杀虫剂

图 4-3 马铃薯植株经生物工程培植,便能抵抗科罗拉多马铃薯叶甲虫侵害。苏云金杆菌能生产天然杀虫剂晶体,这是种对甲虫有害的毒素。苏云金杆菌分离出来之后,便将制造杀虫剂的基因植入其染色体内。采用基因转移技术可将毒性晶体基因植入马铃薯植株的 DNA,于是植株便能自行产生杀虫剂。(插图作者:Peter Gaede)

现在有些玉米、米和大豆品种,便是采用生物工程培植而成的(表 4-5)。这类作物具备种种新特性,包括能够抵御虫害、抵抗能杀死其他植物的农药,还能耐受极端气候。麦格雷戈番茄含有一种微生物基因,可以延长货架寿期。部分食用动物、三文鱼和虾类都经过生物工程改造,得以抵抗疾病、有效运用养分来促进成长,还能承受所属物种常态最佳范围之外的水温。生物技术的其他重点目标包括:提高产量或生长速率、强化免疫系统机能、促使寄主制造杀虫物质,以及提高维生素含量。此外,去除食品天然毒素和致敏原,也是引人关注的课题。

苏云金杆菌(*Bacillus thuringiensis*,简称 Bt)是生物技术的重要推手。这

表 4-5 微生物和食品生产

起　　点	添　加　剂	最终制品
甘蓝	产乳酸菌群,包括:乳酸杆菌、明串珠菌(*Leuconostoc*)、链球菌和片球菌(*Pediococcus*)类群	德国酸菜、韩国泡菜
黄瓜		腌渍黄瓜
牛肉		香肠和大红肠
猪肉火腿	曲霉菌和青霉菌	乡村火腿
面粉	酿酒酵母(*Saccharomyces cerevisiae*)	面包
	旧金山乳酸杆菌（细菌）(*Lactobacillus sanfrancisco*)和啤酒酵母(*Candida humilis*)。啤酒酵母也称为米勒念珠菌(*Candida milleri*)	天然发酵(酸面团)面包
大豆	酿母菌(酵母)类群	酱油
糖蜜、甘蔗	酿母菌和分裂酵母(*Schizosachharomyces*)类群	朗姆酒
水果、果汁	酿母菌和酒球菌(*Oenococcus*,属细菌类)	葡萄酒
玉米、黑麦	酿酒酵母	波旁威士忌
米	清酒酵母(*Saccharomyces saki*)	日本清酒
苹果	酿母菌(酵母)类群	苹果酒
苹果酒、葡萄酒	醋杆菌	醋
牛奶	乳酸杆菌、链球菌和双歧杆菌菌群	酸奶
	乳酸菌	农家奶酪、乳脂酪
	链球菌	切德奶酪
	链球菌、乳酸杆菌和丙酸杆菌等	瑞士奶酪
奶油	链球菌 白脱牛奶	酸奶油

（续表）

起　点	添　加　剂	最终制品
未成熟奶酪	娄地青霉菌（*Penicillium roquefortii*，又称酪青霉菌）	罗克福尔干酪、斯蒂尔顿干酪、蓝奶酪和戈尔贡佐拉干酪
	卡地干酪青霉菌（*Penicillium camemberti*）	卡芒贝尔干酪（别称"金银毕"）

种细菌常见于土壤中，能够制造一种杀虫剂，保护玉米抵御玉米螟幼虫，保护马铃薯对抗科罗拉多马铃薯叶甲虫，还能防范番茄受玉米穗虫侵害。农民向作物直接喷洒苏云金杆菌杀虫剂（或称为苏云金杆菌毒素）已经有几十年的历史。另外一种比较先进的做法是从苏云金杆菌中取得毒素基因，转植给另一种会侵犯植物的微生物，从而把新的基因植入植物的 DNA。病毒是最可能发挥基因载体功能的微生物。

　　生物工程学不时惹来纷争，主要原因在于这种技术牵涉到变幻莫测的生物体系。就农业运作而言，这类体系更容易受到天气变动和气候的影响。许多人都觉得，设计"不自然的"种类事关重大的道德课题，生成的产物具有不见于天然物种的特殊性质。而在人类与生态系统安全方面也有所争议。就如发现 DNA 本身这项成就，操控 DNA 并纳入新基因的能力也是科学进步的里程碑。每当我们探索未知领域，始终会伴随出现各种问题、争执、恐惧，还有新的发现。

　　这里列出近年来对遗传微生物工程方面的几项质疑：

- 新物种对人类具有毒性。
- 可能因此创造出影响人类健康的新式致敏原。
- 对生态体系和原生生物形式带来长期冲击。
- 生物工程物种流入相邻农场和渔场，或释入自然界。
- 释放出前所未知的有害生物活性。
- 破坏地表基因常态分配局面。

- 破坏生物多样性。
- 基因转移后大量增生,瓦解动植物生态系均势。
- 遗传技术操控生命的道德课题。
- 生物工程技术有可能被用作生物恐怖行动。
- 大公司有可能借生物工程制品来控制全球食品供给。

总结

按照食品和水微生物学标准,如今我们的自来水和食品大概比从前任何时代都更安全。然而有证据显示,病原体借食品在全球蔓延的情况却比过去任何时代都更普遍。微生物适应人类发明的速率,远比人类适应它们的更快。单凭这项理由,我们想要彻底消灭病原体,让它们在食品和水中完全绝迹,恐怕永远不可能实现。再者,每次生物学出现重大进展,恐怕也不可能有毫无保留、全心采信的情况。杀灭致命微生物的科学研究,以及运用有益微生物的技术做法,肯定会继续惹出纷争并引人深思。这么苦心孤诣地学习如何与微生物共处,大概就是人类造福众生的最大贡献吧。

大名鼎鼎和不为人知

"幸福的家庭全都一样;不幸的家庭则各有各的不幸。"

托尔斯泰(Leo Tolstoy)大概想不到,他这句名言是多么准确地道出了食品病原体领域的真相。多数细菌都与人类和平共处,食品病原体却不然。革兰氏阳性型产气荚膜杆菌和革兰氏阴性型 0157:H7 型大肠杆菌就是两种实例。产气荚膜杆菌是自然界常见菌种,它的芽孢能在土壤中存活好几年;相形之下,0157:H7 型大肠杆菌就显得生嫩,只栖居动物肠道,借由粪便污染转移到新的寄主体内。

产气荚膜杆菌会引发轻度到中度病症,若吃下加热不当或放凉的食品、咽下几百万个病菌细胞,就会染上疾病。炖汤、肉汁、调味酱和砂锅料理都是常见源头。烹煮可以杀死大半芽孢,然而没被杀死的却可能受烹煮高热刺激而开始活动。当细菌从芽孢形式转变为繁殖形式,它们便释放出强烈毒素,从而引发严重肠道不适。摄食后 9—15 个小时便开始出现腹泻和腹绞痛,而且症状约持续 24 小时。产气荚膜杆菌是种厌氧菌,不过它在空气中也能存活。它喜欢肠道等低含氧部位。尽管这种梭状芽孢杆菌鲜为人知,不过"梭菌中毒"却是最常见的食源性感染之一。有些健康专家认为,每年因感染产气荚膜杆菌生病的实际案例,比估计的每年 25 万病例数多出两三成。

和产气荚膜杆菌感染人数相比,O157 型大肠杆菌疫情较为罕见。不过由于常有患者病故,而且每次疫情暴发都再次暴露我们的现有食品量产做法带有风险,于是 O157 才成为瞩目焦点。和疫情有关的食品很多,包括全生的或半熟的牛绞肉和汉堡包、香肠、苜蓿芽、绿叶蔬菜、未经巴氏消毒法消毒的果汁和牛奶,还有几种奶酪。不论是哪种食品,致病品种全都遭受粪便污染。食品中出现 O157 型大肠杆菌的原因包括,肉类在加工过程出现交互污染,或者是作物在农田或在处理过程中受到污染。

区区 10 个 O157 型大肠杆菌就可以让人生病,典型症状包括严重腹泻,而且便中经常带血,还有痉挛症状,平均约持续 8 天。O157 型和其他大肠杆菌的菌株都不会构成芽孢护壳,而且在自然状况下也不会在肠道外生活。大肠杆菌的代谢作用和梭菌相反,是兼性厌氧菌,没有氧气也能生存,不过在开放大气中活得最好。老人、幼童和婴儿一旦遭受感染,就会出现严重并发症,如神经性症状或肾衰竭。从感染到发病的时段有长有短(根据记录通常为 2—9 天)。疫情溯源结果显示,患者从饮食染上 O157 型大肠杆菌的场合包括:养老院、集市、州立公园、运动中心和海滩。另外在其他十几种地方,肯定也可以找到这种微生物。

和产气荚膜杆菌感染相比,要追溯 O157 型大肠杆菌引发的疾病比较容易。原因是 O157 型大肠杆菌引发的症状十分严重,患者肯定会找医师求诊。估计每年有 73 000 人感染 O157 型大肠杆菌病症。产气

荚膜杆菌在人体内引发的问题则比较轻微，几千名患者都没有留下记录，因此卫生界对此也一无所知。再者，美国卫生当局只监控 O157，产气荚膜杆菌并不被列为监控对象，只由医师自行决定是否提出报告。

从产气荚膜杆菌和 O157 型大肠杆菌这两种实例，我们可以看出食源型病原体的惊人变化。从这两种杆菌我们也可以看出，哪些奇巧花招让一种微生物成为媒体宠儿，而另一种则全然不为人知。

第五部分

如你所愿洗个干净

我要把那男子从我头发上彻底洗掉。

——奥斯卡·哈默斯坦
(Oscar Hammerstein)

过去 5 年间，美国人在家庭清洁用品上的花费超过 16 亿美元。在大都是双薪家庭的现代社会，大家普遍没什么时间打扫住家，所以总是希望能买到最好的清洁产品。而有关微生物的新闻报道天天都看得到，例如流感疫苗效果不佳、疫情暴发、全国性疾病，甚至生物武器等，加上每天都会发现新的能够耐受抗生素的"超级病菌"。这些事例层出不穷，业界也坦然承认，"恐惧"是促进消毒和杀菌产品销售业绩的关键因素。

氯于 1774 年被发现，19 世纪初期便用来除臭，使用地点包括船只、监狱、牲畜厩棚、下水道和其他无数恶臭场所。民众见臭味控制住了，便以为接触性传染病也扑灭了。后来微生物散播基本原理逐渐明朗，且由实验证实微生物是接触性传染病的祸首。微生物学家借助新兴化学提炼技术，发现除烹煮、盐腌和烟熏方法之外，还可以采用各种方式，利用化学物质来杀死病原体。到了 20 世纪初期,疾病防治措施已经和施用苯酚、次氯酸盐和过氧化氢等画上等号。这些化学物质不但被沿用至今,还加上了各式各样合成复方,采用这些物质的目的就是要击垮骚扰人类的病原体。

除关心疫病之外,社会对环保课题也越加重视。化学物质对水、土地和空气的影响越来越受到关注。我们摆在橱柜里面,塞在海绵和拖把之间的厨房清洁剂容器带有两层意义,一方面是卫生健康的关键,另一方面则是生态厄运的预兆。时至今日,由于消毒剂用量激增,已经引发许多质疑和各种观点。谁能料想得到,这些毫不起眼的瓶罐竟然会惹出这般争议?

消毒剂能有效杀死细菌和病毒,若是生鸡肉淌出的汁液流到料理台面,或有个患了流感的人对着电话机打喷嚏,而你接着就要使用那部电话机,这时最好使用消毒剂来消毒。不过,我们究竟应该干净到什么程度?

除了处理生汉堡包和鸡肉、上下班时旁边坐了个打喷嚏流鼻水的人,或者大胆进入机场厕所这类小事之外,当遇上特别情况时,绝对有必要做点额外的清洁动作。诸如新生婴儿、老人、孕妇、艾滋病病人,以及其他免疫功能低下人士,包括癌症病人、器官移植病人、糖尿病人、日托机构的幼童,还有养老院的老人等,这些人群可说始终要承受风险,或在短期间内要承受高度健康风险。

如今,日托机构的幼童和 60 岁以上的人群人数日渐增长,而住院平均日数则逐渐减少。由于医学进展,重伤、重症病人获救人数越来越多,但具有讽刺意味的是,需要特殊医疗看护的人数增加了。革新的器官移植技术和崭新的癌症化学疗法,导致抵抗力日渐薄弱的亚族群人数增多。面对这种情况,使用抗微生物产品至关重要。

抵抗微生物的基本原理

抗微生物产品可以对付细菌、霉菌、酵母、原虫和病毒。不论天然抑或合成，凡是抗微生物物质都能杀死或抑制微生物生长。

医学界术语**"抗微生物剂"**指称能杀死微生物的内外用药，包括抗感染剂、抗生素和化疗药剂。用于人体和兽医用的抗微生物制剂，在美国归属FDA监督。

家庭清洁用抗微生物物质指称能杀死微生物的制品，或指抗微生物制品中所含活性成分，在美国这类产品归属 EPA 主管。从 20 世纪 70 年代初到 80 年代中期，EPA 推动检核措施，确保所有杀虫剂都安全有效，而抗微生物产品列为杀虫剂类，和用来杀死昆虫、螺类、蠕虫及啮齿动物的药剂同归一类。

生物杀灭剂是能杀死从昆虫、啮齿动物到微生物的所有生物的制剂或化学物质。消毒剂、卫生清洁剂、抗感染剂和防腐剂有时也被称为生物杀灭剂。抗生素也是生物杀灭剂，不过属于药物类别。**杀菌剂**一词也指称用来杀死微生物的产品。

消毒剂和**卫生清洁剂**是两类抗微生物制品。消毒剂视用途还能分为以下几类：细菌杀灭剂（杀死细菌）、真菌杀灭剂（杀死真菌，包括酵母菌和霉斑的霉菌类群）、病毒杀灭剂（杀死病毒）、藻类杀灭剂（杀死藻类）等。卫生清洁剂专门用来对付细菌，但对于不属细菌类群的病毒、霉菌等微生物无效。

冠上**消毒剂**名称的产品，必须能够在 10 分钟内杀死坚硬无生命表面的细菌或真菌，而且至少达 100 万个才算符合标准。杀菌试验会针对各种微生物逐一进行。病毒杀伤剂是对付病毒的消毒剂，由于病毒在实验室中生长方式不同,因此效力标准略有不同。但目前至少有一种在售的喷雾消毒剂特别有效,因为它可以一举杀灭数种病毒和一种真菌。

消毒剂专门用来处理各种坚硬表面,比如料理台面、洗涤槽、马桶坐垫、浴室、地板、桌面、医院轮床、手术台、塑料制或金属材质垃圾桶等。有几种消毒剂还能处理带有孔隙,如瓷砖间隙和木料等表面,这类产品在标示上都会说明该制品适合于处理带有孔隙的物品。除了处理坚硬表面的消毒剂,也有专门用来处理衣物和织品布料(内饰、窗帘和地毯等)的消毒剂。

消毒剂这个用词有时会造成混淆。就连世界卫生组织(World Health Organization,WHO)都称乙醇为"皮肤消毒剂",这样误用术语实在可悲。请注意,消毒剂是不可以用在人类及动物身上的。

卫生清洁剂可以减少细菌数量。使用于家居表面、换洗衣物、地毯和室内空气的产品,若能在 5 分钟内减少菌数的 99.9%,便可视为合乎 EPA 界定的安全水平。就使用于食物处理设备、用具上的制品而论,所谓的"安全"是指能在 30 秒内减少菌数的 99.999%。

究竟要多安全才算"安全"?若起初有 1000 个细菌,杀灭了其中的99.9%,便剩下 1 个活体细菌细胞。若为 10 万个细菌,杀死 99.999%,最后也是剩下 1 个细胞。

但如果每滴汉堡包生肉汁都含百万个细菌呢?使用能杀灭 99.9%细菌的卫生清洁剂,最后还会剩下 1000 个活细菌!(当然,这些都只是估计值,并非精确数字。进行实验室试验时,要正好杀死 999 个细菌根本是办不到的。)若想杀死沙门氏菌,这个数字还算好,因为这类细菌的细胞必须达到100—1000 个剂量,才会让人生病。但是,只须咽下 10 个大肠杆菌或志贺氏菌细胞就会带来危害。再者,人们也无从知道,料理台面上那滴汁液里面究竟含有多少细菌,因此才需要效力超过卫生清洁剂的消毒剂来杀灭一切潜藏的细菌。

"多安全才算安全"这个问题等同于询问"我们应该干净到什么程度?"

你家的料理台面、键盘或马桶坐垫上,果真存有 100 万个或更多细菌吗?刚从干衣机取出来的手帕,真的会让你恶心反胃吗?家里到处都有细菌,有时候密度很高,有时候较低。用消毒剂来扫荡 100 多万个微生物,或许是杀鸡用牛刀,因为地表绝大多数的微生物都不是病原体。所以,若是在饼干掉落地上时遵奉五秒法则,你大可以安心吃下饼干。

清洁

尘土和脏污散布在我们的生活周遭。有些尘土肉眼不见得看得到,尘土包含了干燥或潮湿的物质,例如肉汁和菜汁、黏液和口水,以及牛奶、血液或尿液等微滴。尘土还包括许多细小颗粒,它们来自花园土壤、粪便或肥皂膜,还有飘在空气中的尘埃等微粒。而脏污是我们看得到的尘土,包括上述所有尘土,但数量较多。

必须先清除灰尘和污物,以使消毒剂发挥效力(图 5-1)。尘土会形成供微生物藏身的隐匿角落,其中还有保护微生物的蛋白质,因此会减弱杀菌剂的效果。所以,使用消毒剂之前先打扫干净(扫地、拖地、用干净的海绵或抹布擦拭),产品才能一如预期杀死微生物。

某些产品号称同时具有清除尘土和消毒的效果,一次就能完成两种清

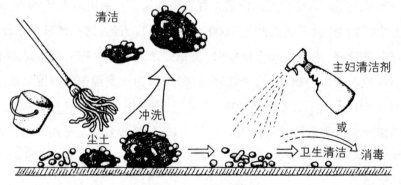

图 5-1　多数消毒剂和卫生清洁剂使用前都须预先清除尘土。别担心,真正的尘土没有图上标示的那么大!(插图作者:Peter Gaede)

洁,但是这类产品在标示上通常仍会特别指出"使用前"必须先清除尘土,标有诸如"先把表面清除干净"等字样。有时候标示可能会写上,只有"十分脏污的表面"才需要预先清洁。这时就得自己判断,要处理的表面是不是很脏。但多数畅销消毒剂和卫生清洁剂,都不是这类二合一清洁剂。

产品上的说明很重要,因为只有依照文字说明正确使用清洁剂,才能真正杀死要对付的微生物。不过,阅读标示上的说明是一回事,按照说明使用又是另一回事了。尽管消毒剂可能需要 5 分钟,甚至 10 分钟后才能发挥功效,但大多数使用者恐怕都不会花时间等候。家庭中的清洁喷雾剂、擦拭剂和溶剂等,都需要时间来发挥效用,因为活性成分必须渗入微生物细胞壁和细胞膜,才能破坏微生物正常细胞机能,可不是瞬间就能产生效果的。这段杀死微生物所需的时间称为**接触时间**。若有产品号称能"立刻杀菌",别相信这种说词,就算是效力最强的消毒剂,例如漂白剂,都必须有一定的接触时间。卫生清洁剂的接触时间约 30 秒到 5 分钟,比消毒剂的短。

消毒剂和卫生清洁剂制造商会利用营销语言来宣扬产品的所有优点,所以抗微生物剂的标示说词充其量只是引人注意的营销口号,但是这些文辞还是得小心构思,必须既能吸引消费者的目光,又能符合 EPA 的要求规范。

这类产品在美国归 EPA 管辖,必须通过 3 项审核要点才准予上市:(1)必须标有产品使用说明,包括接触时间;(2)标明能杀死或抑制的微生物名称;(3)标明具杀伤或抑制功能的活性成分。就连宣称能杀死 99%感冒和流感病毒的抗病毒型纸巾,都必须向 EPA 登记,说明标识同样必须完整罗列 EPA 规定的必要信息。

杀菌剂厂商有时会宣称他们推广"卫生住家"或"健康家庭",这种说法的实际功效还没有得到证实,而且恐怕也难以办到。病菌附着在鞋子、食物,以及双手上而进入家中。刚把厨房或卫浴间消毒干净,几分钟不到,马上又有病菌随着气流从窗户进入,或附在宠物身上进入屋内。家里的消毒剂并不能保障成员免受感冒侵染,甚至可能在购买清洁剂结账时,排在后头的家伙就把感冒传染给你。尽管在若干情况下,抗微生物产品确实有重要用途,但是使用这类产品并不会让你的住家变得更卫生,你的家人也不会因此更健康。

抗微生物制剂和微生物抗药性

微生物学界不免也有些争议。其中一项争议是,能够耐受抗生素或化学药剂的微生物是否因为受到化学清洁剂影响才出现?而这个影响程度究竟有多高?

微生物的**耐药性**是指它们阻碍抗微生物化合物(如抗生素)发挥作用的能力。细菌和病毒在复制时会随机发生突变,耐药性就是在这个演变过程中产生的。细菌和病毒借着偶发突变,演化出可以指挥细胞制造能摧毁抗生素的酶的基因。

细菌拥有某些性状,可以帮它们迅速发展出耐药性,而且除了对付抗生素之外,还能抵抗其他威胁。细菌在短短的时间内便能繁衍许多世代,每个细胞在每次演替时都有机会获得及保有某些帮助存活的特性。其中有些可能演变出高强本领,能够在极高温环境或含盐溶液中生存,另有些则可能形成某些机制来抵抗如苯、砷或抗生素等化学物质。

抗生素是真菌或细菌制造的物质(有些是在实验室中合成的),可以用来杀死其他微生物。抗生素青霉素在 20 世纪 40 年代问世,随后很快被纳入处方药(不管对不对症),用来对付多种病痛。在这数十年间,形形色色的细菌逐渐取得抵抗性状,能够击退青霉菌的药效攻势。从那以后,这群细菌多半还演化出应付其他抗生素的抵抗力。如今,耐药细菌确实已经成为医疗保健方面的重大问题,它们正是多年无限制使用抗生素的产物。医学界和微生物学家忧心忡忡,深恐发明新式药物来治疗感染的能力已经逐渐被抗生素耐药性所超越。

细菌还有一种称为质粒的特殊构造。质粒是细菌的小股 DNA,在细胞含水环境中自由漂浮。核苷酸是 DNA 的基础组成单位,彼此以精确顺序串联。DNA 片段由核苷酸顺序组成并构成基因,而质粒基因含有让细胞产生耐药性的指令。

细胞的 DNA 和基因存储构造称为染色体。染色体比质粒大,而且同样含有耐药性指令。和染色体相比,质粒的优点是体积很小,方便在"朋友"之间通行传播。由于质粒能够在同种的(或有时在不同种的)细胞之间通行,细菌便借此特性养成抗药能力。

多年来,大家都能接受抗生素耐药性是个难解的实际问题。然而,微生物对清洁制剂所含抗微生物化学物质也具有抵抗力,这却不是所有人都能接受的。有些微生物学家深信,无限制使用清洁剂、消毒剂和卫生清洁剂等产品,已经让细菌产生对化学品的抵抗力。接着他们又推论,若是产品能诱发化学品抵抗力,那么这类细菌就得以依循相同方式发展出抗生素耐药性。这样一来,原本就迫在眉睫的微生物灾难更是雪上加霜,恐怕很快就会出现已知药物完全杀不死的微生物。

另有人则辩称,化学物质的作用和抗生素的作用无关,理由是化学消毒剂可以杀死所有碰到的细菌,所以它们没有机会产生抵抗力。这项争议不断成为媒体瞩目的焦点。

支持使用消毒剂和卫生清洁剂的说法

拥护化学消毒剂的人提出几项确凿论据,赞成应该经常使用消毒剂和卫生清洁剂。有些微生物学家和非科学家都主张,使用这类产品能带来重大影响,不仅医院必须使用,所有住家、餐厅、办公建筑和群众聚集场所都应该使用。这里举出他们的几项论据。

● 消毒剂和卫生清洁剂不可或缺,能用来杀死致病微生物,适用于会散布传染病的众多场所,包括住家、医院、日托机构、养老院、旅馆、餐厅和公共厕所等。这类制剂能杀灭栖身于医疗用具和加工设备的病原体,而且自来水用这类制剂处理之后才能安心饮用。如今,高风险族群的类别、人数都不断增长,因此良好的个人卫生习惯加上使用杀菌剂,比以往更为重要。研究证实,若能经常打扫清洁,并搭配使用家居消毒剂,便能减少会引发感染的细菌数量。

● 大肠杆菌、沙门氏菌、弯曲菌、葡萄球菌等大都正常出现于家庭厨房中,因此其他病原体也很可能在那里现身。而因为人们看不见它们,所以无法知道它们何时会在哪里现身,这时就必须使用杀菌剂来减轻威胁,降低疾病在家中传染的概率。

● 这类产品并不会激发抵抗力,多年使用下来,并未大幅强化微生物的化学品抵抗力。抵抗力必须经过好几代细胞才会出现,各个世代出现自发突变的次数极少。细菌的最高突变率(一个细胞每次分裂之际,一个基因发生突变的概率)为每 10 万次发生 1 次。这相当于地球被直径为 800 千米的陨石击中的概率!消毒剂可以当场扑灭所有微生物,令后者完全没有机会发生突变。

● 除了实验室研究,没有任何研究足以证明生物杀伤制剂和抗生素耐药性有连带关系。成功诱发抵抗力的少数实验也同时证明这种事例十分罕见,不足以对健康产生影响。实验室试验安排了有利条件,足以促进耐药细菌滋长。在住家环境中,细菌的生长速率慢得多,要经突变产生耐药品种的机会可说是微乎其微。抗生素耐药性完全是滥用药物几十年后才造成的不幸后果。

● 在今日,消毒剂比以往任何时候都更为重要。出国旅行已经是普遍行为,这会助长疾病在各大洲蔓延,导致全球疫情暴发。此外,食物加工日趋集中,于是病原体污染肉类、蔬果和果菜汁的概率也攀升了。最后,随着都市人口增长,病菌也更容易四处蔓延,这种都市感染蔓延现象自中世纪就为人所知。因此抗微生物制品越来越重要。

总之,旅游和食品制造助长新疾病迅速蔓延,这些都是实际威胁。媒体拿民众的恐惧添油加醋,耸人听闻的报道中可能有不怕消毒剂的细菌进入家中肆虐。这类菌群还被按上耐药性"超级病菌"的恐怖措辞,引发民众恐慌。学术界还火上加油,让民众对家用清洁剂更感畏惧。然而许多研究人员只拿试管来做实验,根本不在现实环境中做研究。只要谈论超级病菌越多,就越能吸引民众注意他们本人,还有他们所属的大学。别相信他们那套鬼话。

反对使用消毒剂和卫生清洁剂的说法

反对使用化学消毒剂的人也提出几项扎实论点,表示应谨慎使用消毒制品。他们指出,只有在特定情况下,才需要使用这类产品来预防感染,而且不该用消毒剂将身边无害的普通微生物一概彻底扑灭。这里列出他们的几项论据:

● 使用消毒剂和卫生清洁剂时,必须依循使用说明的要求,否则无法达到广告所说的效果,但大多数人很少会真正遵照产品说明来使用。若在喷洒产品后立刻将喷洒表面擦干净,那么"经过消毒"的表面依然存有活体细菌。若换成卫生清洁剂则情况更糟,按照这类产品的配方,使用后仍会残留部分活体病菌,因此最强悍的"超级病菌"存活了,而且当它们增生时,便把这种具有抵抗力的基因传递给下一代。

● 有些杀菌剂会留下残余成分。研究显示,长效药剂让最强悍的菌群有更多时间生长及发展出抵抗力。这类超级病菌能把化学物质排出体外,这种生物机制称为主动外排泵,它们也采用同一种机制把抗生素排出体外。抗化学品细菌也能抵抗氨苄西林、四环素、氯霉素和环丙沙星等多类抗生素。如今有一个金黄色葡萄球菌品种,经证实能耐受抗生素甲氧西林和消毒剂苯基氯化铵,证明抗生素和化学品有连带关系。

● 在某些情况下,确实有必要加强清洁,好比当人们陷于感染风险处境、生肉汁溅溢,甚至当马桶满溢之时,最佳消毒良方是用5.25%的次氯酸钠漂白剂、3%的过氧化氢,也可以用70%的乙醇或异丙醇,也就是外用乙醇。

● 多数细菌都没有危害,把无害微生物连同偶尔出现的病原体一并扑

灭,并不符合"卫生假设"。家中太干净,消毒太彻底,会妨碍免疫系统正常运转,接触各种生物可以帮助免疫系统成熟运转、产生抗体,而且对幼童特别重要。如今哮喘、过敏儿童日渐增多,原因大多是病童家里太勤于打扫。

《新英格兰医学杂志》(*New England Journal of Medicine*)在 2000 年刊出报道,显示住在农庄、家中养狗,或成长在大家庭的儿童,罹患过敏症的风险低于家中过度干净的儿童。不时接触各种温和微生物是件好事。

在学术名词出现之前,世世代代的母亲早就天生懂得卫生假设。当一个孩子染上传染性疾病,例如麻疹、腮腺炎或水痘时,她们便会让子女留在家中。这样一来,"全家"的免疫力便能长期持续,几乎可达终生。如今出现各种积极接种计划、消毒措施,加上过度勤于打扫,反而让幼儿没有机会发展出成熟的免疫力。

• 约有 80% 的感染性疾病来自人际间接触。举例来说,握手之后立刻碰触脸部便会传播感染。消毒剂因为不能用在手上,所以对于病菌的主要传播途径事实上并无影响。

养成良好的个人、居室卫生习惯可以预防感染。适度洗手、染上感冒或流感时特别注意看护、纸巾用过即丢、小心处理食品、使用干净的海绵和抹布,好好维护吸尘器的清洁,这些就足以保障环境不受病菌侵染。权衡家人和居家环境的风险,然后依常识判断是否需要使用强效生物杀伤剂。

总之,媒体拿民众家中有微生物四处乱爬来添油加醋,耸人听闻地报道说种种病毒、细菌和霉斑都可以毒害家人。尽管报道满天飞,多半却是销售生物杀伤剂的公司发布的消息,并没有证据显示民众经常从洗好的衣物、门柄、冰箱门把或电话机染上病菌。别相信他们那套鬼话。

瓶罐里装了什么

消毒剂或卫生清洁剂配方中都含有能杀灭微生物的化学物质,这些就是制剂的**活性成分**。而其他用来悬浮、分解或助长活性成分的原料,都属于

惰性成分。香料和色素就是惰性成分。

仔细阅读产品成分说明时,可能可以看到以下常用的几种抗微生物成分:

- 乙基苄基氯化铵
- 苯基氯化铵
- 甲苄索氯铵
- 次氯酸钠
- 糖酸二甲基苯胺或氯化二甲基苯胺
- 磺酸(即含硫有机酸)
- 苯酚
- 松油
- 乙醇
- 三氯生

抗微生物活性成分的效用水平互异。举例来说,漂白剂杀菌所需的接触时间很短,有时候还不到 1 分钟,比其他多数化学物质都短得多。以上前3项抗微生物成分都属于季铵化合物,简称季铵盐类。季铵盐类的作用时间比漂白剂长,而且对付革兰氏阴性菌群的效果通常也较差。季铵盐类也很容易受硬水影响,若以硬水来稀释含季铵盐类或石炭酸的清洁剂,便可能减弱其杀灭微生物的效能。

此外,微生物的耐受程度有别,可以从最难杀死到最容易杀死的顺序区分为不同等级。细菌的芽孢(梭菌和芽孢杆菌)十分耐受,多数消毒剂都杀不死它们。只有非常强烈的产品才能对付细菌芽孢,这类制品称为灭菌剂或芽孢杀灭剂。以下列出各种感染媒介,它们依耐受程度,从最难杀死到最容易杀死顺序列举。

朊毒体:最难破坏的感染媒介。

细菌芽孢类:芽孢杆菌和梭状芽孢杆菌的菌种能形成芽孢衣壳,这种

水质硬度和季铵盐生物杀灭剂的效用

你所居住城市的水质报告书上会列有你的社区水质硬度估计值。硬度得自水中所含的钙和镁。硬度范围通常以每百万单位含量来表示(写成 ppm)，代表水中的碳酸钙浓度。其他硬度单位还包括每升毫克数(mg/L,和 ppm 的意义相同)和格令(grain, 1 grain = 17.1 ppm)。

0—60 ppm·······························软

61—120 ppm·························中硬

121—180 ppm························硬

高于 181 ppm·····················非常硬

硬度只影响必须先稀释才能使用的季铵盐类或松油制品。水质较硬时可参阅产品卷标所列使用说明。每百万分之一单位含量(ppm)相当于把 10 杯液体(约 2500 毫升)倒进奥运会比赛标准游泳池所得含量值。每 10 亿分之一单位含量(ppb)约相当于 6 匙水量(重约 30 克)和奥运会比赛标准游泳池蓄水量之比。

构造几乎坚不可摧。

分枝杆菌类群:具独特结构和生活方式的菌群。

不具脂质衣壳的病毒类:包括甲型肝炎病毒、鼻病毒(感冒病毒)、脊髓灰质炎病毒、轮状病毒、肠病毒和诺沃克病毒,还有埃可病毒(echovirus)、腺病毒(adenovirus)和柯萨奇病毒(coxsackievirus)。

真菌类:包括念珠菌、发癣菌、葡萄穗霉菌、曲霉菌、青霉菌、镰孢菌和毛霉等霉菌类。

不构成芽孢的菌类:重要的包括葡萄球菌、沙门氏菌、大肠杆菌、链球菌、假单胞菌、李斯特菌、弯曲菌和肠球菌等。

具脂质衣壳的病毒:即外覆之衣壳含有脂肪原料的病毒。有些化学物质对脂质衣壳具有高渗透性,因此很容易杀灭这类病毒。这类病毒包括:流感病毒(包括 H5N1 型禽流感病毒)、HIV、乙型和丙型肝炎病毒、单纯麻疹病毒(即疱疹病毒)和带状疱疹病毒、呼吸道合胞病毒(respiratory syncytial virus, RSV)、汉他病毒、水痘病毒、冠状病毒(coronavirus,包括 SARS 病毒)和巨细胞病毒(cytomegalovirus)。

在现今最引人恐慌的病毒中,有几类极容易以化学消毒剂杀死,如流感、H5N1 型禽流感、SARS 和 HIV 等,它们应付抗微生物化学物质的本领都很差。

家庭用漂白剂是杀灭微生物最具规模的杀伤性武器。漂白剂能够迅速(几秒钟之内)破坏微生物的功能,就算稀释后的溶剂(根据厂商指示配制的)也办得到!漂白剂能杀死细菌芽孢和隐孢子虫孢囊这两个微生物界最顽强的类群,只要在使用时给予较长的接触时间(数小时),就能对付这类强悍的微生物。漂白剂是出了名的有毒化学物质,不过一个漂白剂分子进入水中,很容易就分解成一个水分子和氯化钠,也就是大家熟悉的食盐。漂白剂或许只有区区几项缺点:(1)一旦对水稀释,效用便不能长久持续,所以漂白水溶剂必须每天调制;(2)漂白剂具腐蚀性,因此只能用来消毒,不能清洁物品,所以使用漂白剂前,必须先擦洗干净脏污表面。

抗菌肥皂

抗菌肥皂现在已成了众矢之的,背负了造成细菌产生化学抵抗力的罪名。

许多人搞不清楚"抗菌肥皂"和"抗微生物剂"的差别,这倒是情有可原。抗菌肥皂包括:(1)用来洗手或洗身体、所含成分能够抑制细菌生长的肥皂;(2)含护手卫生清洁剂的肥皂;(3)含抗感染剂的肥皂。抗菌肥皂是用来洗身体的,不能用来清洗屋内用品。至于抗微生物剂则包括消毒剂和卫生清洁剂,不得用在身体上。

有些抗菌肥皂还含有随处可见的三氯生(表 5–1),另有些则含有三氯

表 5-1 含三氯生的产品(三氯生可以当成一种抗微生物成分,也可以作为涂料)

固体肥皂或液体肥皂	砧板	暖脚拖鞋
日常洁面用品	刀和切片机	冰激凌挖勺
耳塞	痤疮软膏	牙膏
牙刷	抹布和海绵	洗碗精
除臭剂	刮须凝胶	日晒护肤喷剂和护肤膏
护肤品	化妆粉底	唇彩和唇蜜
烧烫伤治疗剂	化妆粉	围裙
拖把头	家具	地毯缓冲垫
计算机键盘	鼠标垫	毛巾
涂料和墙面材料	扶手杆	玩具
玩具计算机	凉鞋、鞋、袜	鞋垫
空气滤清器	增湿器	室内地板
购物手推车的把手	宠物食盆	饮料壶罐

卡班。这些产品的包装上都会强调只限皮肤外用,"帮助杀灭手上病菌"或"减少皮肤含菌数"。

抗菌肥皂究竟有效吗?有效,但也可以说无效。有效是因为,一如普通肥皂,抗菌肥皂能分解我们皮肤上的油脂,使污垢更容易被洗掉。若抗菌肥皂在皮肤上的接触时间够长,或许还能杀死若干细菌。无效则是因为,抗菌肥皂的效果完全不超过普通肥皂,因为很少有人会让肥皂泡沫在皮肤上停留一段时间,因此多数人并不能享受到活性成分的额外好处。

按照 FDA 的分类标准,抗菌肥皂归入非处方类药。懂不懂术语没关系,明白何时需要使用肥皂才最重要。只要时机合宜,使用得当,抗菌肥皂和普通肥皂对个人卫生都一样重要。

"绿色环保" 家庭清洁剂

　　"绿色"或"环保"清洁剂以居家使用安全来招徕顾客,还宣扬产品的包装和配方都可以在环境中分解,也就是从里到外全都可由生物分解。如今不含合成生物杀灭剂的配方又重新引人瞩目,这有两个理由。首先,人们越来越关切化学物质会在户外长期残留, 还会产生挥发性烟雾进入室内。其次,许多消费者担心微生物会对人造生物杀灭剂产生抵抗力,于是改用其他清洁剂。

　　环保清洁剂的活性成分似乎颇能让人满意,包括橙油、柠檬油和柠檬草油、茶树和松木萃取精华,还有用椰子制造的界面活性剂(可分解污垢的洗涤剂)。只要仔细阅读标识,偶尔也能找到氧化胺、丙二醇单甲醚或过碳酸钠。

　　人们在几十年前已经知道,植物萃取油能抑制细菌生长。因此, 不论是绿色或非绿色产品都会添加香精油和植物萃取物来增添香气,并借此略微提高制品的抗微生物效能。

　　有些生态亲善型清洁剂则添加碳酸氢钠或乙醇酸(或称甘醇酸)。碳酸氢钠带些许清洁作用,还有中等抗微生物效能。乙醇酸也可以对抗微生物,还能辅助提高其他成分效用。

　　绿色清洁剂若没有通过 EPA 的严苛规范,不得宣称具有微生物杀灭效用,标识上不得出现"杀菌"、"抗微生物"、"杀灭真菌"、"消毒"或"卫生清洁"等叙述,也不能在标识上列举微生物名称。多数制品确实都提供使用说明,还有安全警告。这显然带有讽刺意味。人们认为,和一般化学物质相比,绿色产品对人、动物和环境都较为安全,所以才买来使用。然而,凡是通过效用、安全测试,而且还有数据佐证的产品,都是向 EPA 注册过的抗微生物化学制品。

　　具有环保意识之人士往往爱用醋、小苏打、柠檬汁、氨水、硼砂来清洗

抗微生物精油

许多企业都使用精油来为产品增添风味或香气。其中多种油品都具有抗微生物特性。

• 能有效对抗细菌的精油

百里香	柠檬
马郁兰	牛至
薰衣草	劳雷尔月桂
月桂	甜橙
罗勒	迷迭香
肉桂	茴香
肉豆蔻	绿薄荷
丁香	尤加利

• 能有效对抗霉菌的精油

肉桂

黑胡椒

迷迭香

丁香

多果香

鼠尾草

龙艾

香柏木

由于精油的活性具有专一性，因此每个品种针对某类细菌或霉菌或许非常有效，对其他类群却没有作用。

家庭用品。有些人觉得氨水和乙醇会挥发刺激性物质，对人类有害，不算良性物质，因此拒绝使用。未稀释的醋和氨水，以及小苏打可以杀死部分细菌，不过速度和效果都不如化学消毒剂，比起漂白剂更是相形逊色。

绿色清洁剂的杀菌效果，约略可以和使用不当的已注册杀菌剂的效用相提并论，使用它们或许都能扑杀几千个细菌和病毒。在某些情况下，杀死几千个病原体或许足敷所需，不过你也无从判定。

有些家庭对安全、环境责任和效用都有自己的标准，常根据这些标准来选择产品。尽管所选择的微生物杀灭剂的效用不甚明确，但依然愿意付出代价并乐于采用，因为你知道，这些都是沿用多年的安全配方。假设醋无法在 5 分钟之内杀死 99.9% 的细菌，不过还是能杀死不少，这样真的就够好了吗？

根据本章节内容可以了解到这个问题很难回答。不论选择使用哪一类清洁剂，只要回归良好卫生的核心原则，都能降低患病的概率。

细菌滋长对于抗微生物制剂效用有何影响

把一个细菌细胞投入养分充足的液体中，它并不会立刻开始分裂、生长。这个细胞会经历一段迟缓生长期，一边制造酶和其他成分，为后续暴发活动预作绸缪。这段**迟滞期**有可能持续几小时到几天。一旦细胞体内各复制系统全部组装完毕，它便开始分裂，生活节奏也两倍于所属菌种的常态速率。这种速率或许只持续短短 20—30 分钟。细菌经历短暂倍速阶段，菌落数量迅速扩增（图 2-3）。这个极高速增长阶段称为指数（或对数）生长期，常简称为**对数期**。

科学界很少有学者例行使用对数，而微生物学家就是其中一群。计算对数是一种数学运算法，可以把极大数转换为比较好处理的数值。若是没有对数，这些极大数值的种种运算都会变得难如登天。所幸，手持式计算器多半都能做巧妙算术计算。以下是几个对数转换的例子：

$$\lg(2 \times 10) = \lg20 = 1.3$$
$$\lg(2 \times 10^3) = \lg2000 = 3.3$$
$$\lg(2 \times 10^6) = \lg2\,000\,000 = 6.3$$
$$\lg(2 \times 10^{10}) = \lg20\,000\,000\,000 = 10.3$$

除试管之外,细菌还能在其他环境中以接近对数生成速率增殖,诸如一杯没有冷藏的牛奶、酷暑时节后院的静水池塘,或者脏污的开放性流血伤口等。不过就一般情况而言,细菌在人体上和住家环境中的生长速率往往都较为缓慢,而这种缓慢生长速率会影响消毒效果。

良好的个人和家居卫生

　　(1)经常彻底洗手;(2)吃东西前和上厕所后都要洗手;(3)别用手碰触嘴巴、眼睛;(4)纸巾使用后马上丢弃;(5)别靠近明显染上感冒或流感的人,远离打喷嚏/咳嗽时不遮掩口鼻的人;(6)使用干净的海绵或用后即丢的抹布来擦拭居家环境。

　　以上是美国各机构建议实行的准则,推荐单位包括CDC、卫生及公共服务部、各州卫生处,以及感染控制与流行病学专业人员协会。

和缓慢生长或休眠的细胞相比,高速分裂的细胞比较容易受药物、生物杀灭剂侵害,也比较不能应付极端环境。细胞在对数期要消耗能量,投入大量资源来建造新的外壁、酶和染色体胞器。根据几项有关于细菌在对数/非对数期的消毒研究结果推知,抗微生物化合制剂在细胞迅速分裂阶段(也就是对数期)最能发挥效用。

微生物在家居环境中的增殖速率不高,然而一旦遇上新的营养补给,比如有一杯牛奶不小心洒在地毯上,情况就不同了。原本靠有限养分勉强度日的微生物突然领受丰富养料,短时间内暴发高度活力。一般的居家环境对微生物而言,生活条件往往不是很好,温度和湿度很可能不理想,养分受限,微生物必须靠眼前条件将就度日。

微生物在室内、户外环境中常会降低细胞活性,只有在遇上充分养料,能够维持许多细胞生存时才会分裂出新的细胞。最后,新细胞产生率便与老旧细胞死亡率相等。这时就进入**稳定期**。多种微生物在稳定期都较能耐受化学生物杀灭剂。

消毒剂是根据微生物在实验室试管中的最佳条件而研究配制的,产品试验对象都是进入对数期的细菌,所以实验室中的抗微生物制品能取得所有优势,以最高效能发挥作用。但这类制品很少针对粘在家中砧板上的混生微生物群进行试验,"杀死99.9%的病菌"或"能消毒、对付……"等字句也许都言过其实,家中瓶装的清洁剂并没有这种能力。

地球上并没有堆满死尸残骸,也没有塞满死亡细菌,分解作用使得地球适于居住,分解是由种种充满生机的微生物执行的作用。一旦稳定期细胞耗尽养分,它们便进入**衰亡期**。这时它们的功能停顿,迅速瓦解,细胞内容物溶入周围液体,不能溶解的残片则四处散落于微观地貌。事实上,家中的尘土部分就是微生物的尸骸。

实验室中的细菌在几天之内便走完"生命周期"。把菌种置入澄澈的无菌培养液,把试管摆进培养箱,几个小时或一两天之后,试管中的培养液或许还很清澈,这就要看细菌种类而定。然而再过没多久,液体中就会开始出现杂质——进入对数期,变得混浊、暗淡,还会散发让你难以忘怀的气味。不过,过了一段时间,活动便会趋缓,培养菌群也开始衰亡。若是摆在培养箱中的时间够久,培养液就会恢复澄澈,和当初几无两样。有时候,液体只会残留些许杂物并散发微弱臭味。

想了解消毒基本原理其实很容易,不必去思索生命哲理。消毒剂和卫生清洁剂都是在实验室环境中发明的,在这样的环境中最适合使产品发挥功效。若是产品说明指出制剂应留在表面5分钟,那么你大概就可以假定如果残留不到5分钟,制剂便无法杀光目标微生物。再者,由于一般住家不太可能具备理想的消毒条件(室内一定会有尘土、不明微生物,或稳定期细胞),所以你大概也可以假定,让产品在表面多留几分钟,多等一下,再洗掉制剂,应该是明智的做法。

抗感染剂

生物杀灭剂、病毒杀灭剂、卫生清洁剂,还有防霉剂,天哪!谢天谢地,总算有抗感染剂这类单纯的、不带丝毫混淆的制剂。抗感染剂是杀死微生物的生物杀灭剂。抗感染剂只供皮肤外用,不能用来处理无生命物品,因此FDA把这类制剂列为药物,而不归入杀菌剂类。药物是指能控制疾病的物品。不过,打针前先用乙醇擦拭皮肤也算得上是疾病防治吗?这是由于FDA对"药物"的广泛定义。据此,凡是用来诊断、治愈、减轻、处理或预防疾病,以及用来影响身体功能的物质全都列为药物。抗感染剂因为能抑制病菌散布,因此也算是种药物。常用的抗感染剂包括乙醇、过氧化氢、碘酒,以及苯基氯化铵,这是种季铵盐类,你应该记得很清楚,也是种消毒剂!

"抗感染剂"一词很早就被使用,历史超过250年,难怪它的定义要反复变更高达200多次。厂商则毫无迟疑,把所有产品冠上"抗感染"名号,从防晒品到马桶坐垫都不例外!FDA认为不该助长这种取巧做法,已经针对各种抗感染剂类别拟出详细清单(表5-2)。

有些活性成分除了被纳入皮肤外用抗感染剂外,同时也会被纳入住家环境用清洁剂配方,苯基氯化铵就是一例,这种物质可见于抗感染乳霜和厨房用卫生清洁剂。这绝对不表示可以将两种产品互换使用,每种抗感染剂或消毒剂都在标识上明明白白告诉消费者该用在哪里。

乙醇的真相

在莎士比亚的剧作《亨利五世》中,亨利哀叹道:"我宁愿用一生美名,

表 5-2　抗感染制剂(FDA 药品评估和研究中心推荐采用)

产　品	目标消费群	用　途	使用场合
医疗卫生用抗感染剂			
医院洗手剂	医疗卫生专业人士、患者	手术前或照护患者前使用,减少皮肤着生菌数	医院、门诊区、医务所、养老院
术前皮肤准备剂			
外科刷手剂			
护手卫生清洁剂			
抗感染型洗手剂	一般大众	减少手上着生菌数	住家、日托机构
消费者用抗感染剂			
抗感染型沐浴制品		减轻体臭	
护手卫生清洁剂		预防感染	
食品处理人员用抗感染剂			
洗手剂	商业食品处理人员	降低食源性疾病污染风险	餐厅、加工厂、其他商业食品设施
护手卫生清洁剂			

换来一壶麦酒和平安的日子。"换作是微生物学家,恐怕都宁愿换一瓶纯度 70%的可靠乙醇,摆在身边。体表摩擦用乙醇(70%异丙基或异丙醇)和乙醇同样好用,而且在食品杂货店或药店都很容易买到。

　　既然 70%的乙醇是杀死细菌和真菌的良方,那么 95%的岂不是更好吗?乙醇作用得很快,而且干后不留残余,但是 95%的乙醇蒸发得太快,作用时间太短,所以并不足以摧毁微生物的蛋白质和脂肪。乙醇兑水稀释后便可以减慢蒸发作用,延长接触时间,但是加太多水也会破坏乙醇杀灭微生物的威力。有效的乙醇浓度范围介于 50%—85%之间,实验室和诊所多半采用 70%的浓度,这是杀灭微生物用乙醇的标准浓度(表 5-3)。

　　护士为你打针之前,会先用含乙醇棉花团来清洁臂膀,因为乙醇可以

表5-3　抗微生物化学物质的作用方式

　　抗微生物化合物攻击微生物维持生长、进行繁殖的正常功能,因此能够杀灭微生物。细胞膜、细胞壁、酶和 DNA 复制机制,都是杀菌剂的攻击目标。部分抗微生物化合物的细部作用模式,目前尚未完全明了。

抗微生物化学物质	作用方式	最擅长对付的类群
次氯酸钠(漂白剂)	干扰使用氧气、瓦解蛋白质、破坏细胞膜	细菌、病毒、原虫、芽孢
乙醇(70%浓度)	改变蛋白质的性质(破坏维持蛋白质正常结构的键)、溶解膜脂	细菌、真菌、部分病毒
氨水	释出干扰细胞活动(可能为营养摄取活动)的羟基(氢氧基)离子	细菌、病毒、真菌
四价铵离子化合物(季铵盐类)	能与膜结合,从而破坏功能并使细胞释出内容物	细菌、部分真菌和病毒
金属类(银、铜、锌)	和酶起反应并毒害细胞	藻类、真菌、部分细菌
酸类(醋、柠檬汁等)	改变细胞周围酸度,从而瓦解其正常机能	细菌、部分病毒
松油	和其他生物杀灭剂协同瓦解酶和膜组织	细菌、部分病毒
碳酸氢钠	干扰正常酸碱平衡	部分细菌
过氧化氢	强效氧化剂,能产生不稳定的氧类型,从而摧毁 DNA、膜组织和其他胞器	细菌、病毒、藻类,对付真菌和酵母菌具有若干作用
碘	破坏氨基酸结构,从而摧毁蛋白质功能	细菌、病毒、原虫,对付真菌和孢子具有若干作用
三氯生	阻断用以构建脂肪酸的酶的作用	细菌

去除皮肤上的微生物。于是,细菌和真菌都被棉花团擦掉了,皮肤上就完全无菌了是吗?错,因为皮肤上有固有型和暂居型微生物区系。

　　固有型微生物包括栖居身体的原生细菌、酵母,以及其他真菌类。它们住在皮肤裂隙内或皮肤最外表层的下方。乙醇不见得能够擦掉它们，就算淋浴或洗手时用力擦洗也一样。**暂居型微生物**是你不时沾上，然后随尘土和皮肤碎屑脱落，过了几分钟又沾上的微生物。乙醇棉花团能有效擦掉的便属于暂居型微生物。多年使用下来，似乎证实用乙醇棉花团擦拭能预防感染。

乙醇洗手剂的效果也很好，在很多场合中都有人用来处理病菌，适用时机包括乘坐飞机或汽车旅行、露营，还有在找不到水来洗手的时候。

乙醇洗手剂的用法如下：

1. 把适量乙醇洗手剂挤在手掌上。

2. 双手用力揉擦，让乙醇确实接触所有部位。

3. 千万记得指尖和指间部位也要擦到。

4. 继续揉擦直到洗手剂蒸发、双手干燥为止（通常须费时 15—20 秒）。

总结

　　杀菌剂能杀灭危害健康的微生物，适用于有感染风险的族群。这类产品可供居家消毒或作为卫生清洁使用，家中微生物高密集范围内都可以使用。在日常生活中究竟该保持多干净，消毒得做到什么程度，对此微生物学家并无共识。有些人觉得，清洁和消毒工作最好只做到最低程度；另有些人则认为，住家保持一尘不染才是不二法门。再者，科学家经常和生物杀灭剂制造商争辩，耐药细菌有何危害，会不会带来危害等。就像其他任何产品，购买前都必须权衡个人需求，只要根据常识做出正确判断，电视上的销售伎俩几乎逃不过你的法眼。

第六部分

感染和疾病

世上没有渺小的敌人。

——本杰明·富兰克林

(Benjamin Franklin)

　　拥挤最适于疾病蔓延。群聚的松鼠、家牛、人类、鳟鱼、葡萄藤或栎树，还有其他一切生物，只要个体彼此聚拢，就很容易受到感染。综观历史，都市社区的微生物感染率始终比乡村社群的更高，而感染性疾病也经常改变了文明进程。

　　天花病毒于公元前 1200 年出现在埃及，历经好几世纪不断折磨人们。18 世纪，欧洲曾有 5 位在位君主染上天花病死。两个世纪之后，各国政府、各种文明联手消灭天花，开创人类史上少见的举世合作模式。中世纪几次大型鼠疫横行肆虐，给世人带来生物学和历史教训。淋巴腺鼠疫也称黑死病，在 6 世纪杀死 1 亿人，14 世纪时杀死 2500 万人，每次疫情常常毁灭了 1/4 人口。史学家认为随后几个世纪中，大量人口的丧失减缓了欧洲科学和技术的进步速度。目前艾滋病疫情确实发挥影响，促成官方政策与保健准则结合。历来社会大规模变化往往和小小的显微颗粒有关，这里提到的只是几个最简单的实例。

　　疫病要在人群中暴发，必须先有一个致命微生物在一群人中站稳脚跟。**毒力**是指微生物造成感染或引致疾病的能力，分组人口则指（由于环境或健康问题）容易受微生物侵染的一群人。这群人会成为微生物的栖身场所，而且很可能成为疾病蔓延初期的帮凶。身体的免疫系统是我们对抗感染最主要的防线之一。免疫系统的作用加上体内种种条件，决定一个人的**受感染倾向**。每个人都有若干受感染倾向，受感染倾向在一生当中会出现变化。另外，个人的举止行为也会造成影响，让病原体**有机会**传遍整个社群。对于病原体的毒力，我们所能发挥的影响可能少之又少。不过，我们可以影响自己的受感染倾向，可以决定要不要帮虎视眈眈的微生物制造侵染良机。

感染机制

  感染是微生物侵袭身体外表或内部,并在特定部位滋长的现象。有些感染很轻微,不必找医师帮忙就可以处理。另有一些则由最初的局部区域向外扩散到身体各部位,引发特定的**感染性疾病**。**疾病**是指让身体的全身或部分无法正常运作的重大事件,但为了能把损伤机能的体内事件全都纳入,"疾病"的定义不时地被修改。按照这种宽松标准,连感染也够资格称为疾病。

  疾病有几种分类法,随着病因、病程信息日新月异,分类法也与时俱进地修改变动。疾病可以按照受影响器官或组织来分类,例如帕金森病因为病因来自脑部,因此归入神经性疾病类。而另一种做法则是按照主要致病媒介或活动形式来区分疾病类别。

  按病因区分的疾病类别:

  感染性疾病:微生物侵袭组织引发的疾病,例如流感、艾滋病、脑炎。

  遗传性或先天性疾病:由亲代传给子代的疾病,例如唐氏综合征。

  营养性疾病:由于饮食不足、营养缺乏或饮食过度引发的疾病,例如因缺乏维生素 B_{12} 引发的恶性贫血症和肥胖症。

  工业病或职业病:由特定行为所导致的疾病,例如重复动作伤害、尘肺病(又称黑肺病、矽肺病)。

  环境性疾病:借由空气、水、食品等无生命媒介传播的疾病,例如肺癌、黑素瘤、铅中毒。

  行为性疾病:因习惯或生活型态造成的疾病,例如因吸烟染上的肺癌、酗酒引发的肝硬化。

  精神病:带有行为症状或异常举止的神经性疾病,例如精神分裂症、恐惧症。

退行性疾病：组织随年岁增大而退化所引发的病症，综合病因包括老化、营养、运动、环境或感染，例如多发性硬化症、帕金森病。

感染性疾病在世界人口死因当中占第二位，全球前 5 大主要死因为：(1)心血管疾病；(2)感染性疾病；(3)癌症；(4)事故伤害；(5)呼吸性疾病。若就特定致死病理因素而论，感染性疾病则位居第 3 位，艾滋病居第 4 位，前两位主要致死因素为心脏病和卒中(心血管疾病)。而单就感染性疾病而论，以艾滋病、腹泻性疾病、肺结核和疟疾夺走最多生命。

就诊断和医护总体表现而言，美国比世界上其他地区都更先进些。CDC把感染性疾病列为美国第 7 大死因，其中以流感和肺炎病死人数最多。

侵入和感染

侵染入口

致病微生物成功感染寄主的概率取决于微生物侵入或附着于寄主细胞的能力，以及侵袭寄主的病原体数量。许多感染因素都与微生物附着、侵入人类细胞的现象有关，这些因素也因此构成了一个宽广的科学研究领域，包含了免疫学、血清学和酶学等学科知识的应用。

身体的黏膜衬里是细菌和病毒侵袭寄主的主要侵入途径。("黏膜"是能分泌黏液的组织，而"黏液"是种浓稠物质，多种膜组织和腺体都能分泌黏液。)黏膜是微生物偏爱的侵入点，这有好几项理由，其中一项是微生物可以轻松渗入黏膜。

呼吸道、消化道和泌尿生殖道，还有支撑双眼的基本构造，都具有黏膜衬里，呼吸道和肠胃道是最常见的侵染入口。多数病原体都各有偏爱的特定黏膜途径：肺炎链球菌喜爱呼吸道，沙门氏菌使用肠胃道，疱疹病毒则是透过泌尿生殖道的细胞衬里侵入体内。至于破伤风杆菌(*Clostridium tetani*,

引起破伤风的致病微生物)则会攻击皮肤细胞,引发感染。

　　某些微生物可以有多种侵染入口,这就是炭疽之所以可怕的一项理由。炭疽这种微生物不但要人命,还能借由多重途径侵入人体。从割伤或皮肤擦伤伤口侵入是常用途径,细菌有可能渗透侵入较深层皮肤,但很少进入血流,于是便形成**局部性感染**。炭疽较常透过皮肤接触感染,经由吸入炭疽芽孢而受感染的情况较少,但由于病原体进入了血流,远比皮肤接触更容易致命,吸入性炭疽患者致死率几乎达百分之百。另外,同样罕见且极度危险的类型是肠胃型炭疽,渗透衬里侵入消化道,引发严重疾病。

感染寄主

　　病原体全都采取相同程序来附着(接着侵入)目标组织或偏好的细胞类别。病原体附上寄主细胞时,必须让本身的外侧分子和寄主细胞表面相连,寄主和病原体的联结是感染作用的第一个关键步骤。

　　一旦进入寄主体内,病原体必须避开其体内的防卫系统。部分致病微生物已经演化出几种防卫方式,有些构成芽孢,另有些则是长出坚韧的细胞壁,还有的则分泌能消化寄主组织的酶,让自己能顺利入侵各种器官。

　　若能躲过免疫反应,病原体或许就能摧毁寄主整个器官或代谢系统(代谢系统是提供机体生存必备功能的一群器官,消化系统就是一种代谢系统)。引发坏死性筋膜炎的链球菌俗称"噬肉细菌",这类球菌栖居皮肤内层,会破坏周围的皮肤组织。当然,它不是真的"嚼食"组织,而是通过分泌一种酶来分解皮肤从而取得养分。有些细菌则是从血液或器官取得铁等养分,让身体陷入缺损处境,引发其他并发症。

　　有些细菌和病毒会大肆破坏免疫系统,间接伤害身体。这么一来,寄主便成为免疫缺损患者,很容易受到其他微生物侵入并造成感染(称为**继发感染**)。

　　一般而言,病毒和结核菌是渗入人体细胞引发疾病,其他细菌则往往附着于组织和器官外侧。

毒素

细菌性疾病对人体的伤害大多不是微生物细胞的杰作,而是毒素造成的(至少占了半数)。毒素是微生物衍生制造的毒物,有时体内已经找不到细菌,却依然留存细菌所制造的毒素,而且随着血液四处循环。这种病原体制造的毒素属于外毒素,肉毒杆菌毒素就是这样产生作用的。烹煮或许能杀死肉毒杆菌这种食源性病原体,但它所产生的毒素依旧带有活性,摄食之后还是会引发肉毒中毒,并可能致命。

有些革兰氏阴性菌的毒素会附着于细菌的细胞壁上(这是种内毒素),等细胞死亡并经过胞溶作用瓦解之后,毒素才会释出,在这之前可能完全看不出征兆。若是染上会分泌内毒素的细菌,并以抗生素处方治疗,在吃药后或许会觉得更难受,这表明抗生素发挥作用,释出的毒素在体内循环,导致病情一时之间恶化。和内毒素有关的疾病包括伤寒和脑脊膜炎,其病原体分别为伤寒沙门氏菌和脑膜炎奈瑟氏菌(*Neisseria meningitides*)。

神经毒素是侵袭神经系统的毒素,会破坏神经对神经、或神经对器官的传导功能。中毒症状包括定向障碍、不自主肌肉收缩、眩晕、记忆丧失,以及经常因神经受损而导致的其他症状。

感染剂量

病原体侵入数量越多,越容易造成感染,而不同病原体的感染剂量各不相同。感染剂量是个近似量,表示这么多微生物便可能引发特定疾病。

若身体接触的感染性微生物数量远低于感染剂量,免疫系统便大有可能摧毁这些闯入者。若剂量较高,病原体便能附着、入侵,也很可能诱发疾病。

每个人的健康情况和受感染倾向互异,因此感染剂量也有高低之别。原本有病的人比较容易受到侵害,只要接触少量病原体就可能受到感染。

若身体完全健康,或许接触较大剂量的病原体才会生病(表 6-1)。斟酌一下五秒法则吧,当从地板上捡起掉落的饼干,最好先权衡自己的健康状况,想清楚之后再决定要不要吃。

表 6-1　感染剂量依病原体种类而异

微　生　物	感染剂量
结核菌	3个细胞
甲型肝炎病毒	低于 10 个病毒
诺沃克病毒	10 个病毒
贾第鞭毛虫	1—10 个孢囊
隐孢子虫	10—100 个孢囊
沙门氏菌	约 100 万个细胞,若是借巧克力、奶酪等高脂肪食物传染,则或许远低于此数(100—1000 个)
伤寒沙门氏菌	10—100 个细胞
弯曲菌	约 500 个

疾病传播

病菌的多种传播方式

细菌不会飞,病毒不会游泳,酵母细胞不能蹦跳过高楼。然而,微生物却有办法四处移动,在人与人之间传播。许多微生物还能短暂耐受贫瘠荒漠。学一点病菌蔓延原理,了解它们如何自行或借其他方式传播,这项知识将可以帮助你预防感染。

每年到了流感季节,经常在媒体上看见学校、养老院、宿舍和运动场所受疫病侵袭的报道。在这类场所,人与人之间接触频繁,活动范围固定,很容易追查出疫情暴发地点。在一些人群只作短暂逗留的场所,例如地铁和巴士,也会散播感染。然而由于人潮不断变化,要溯源追查暴发地点就很难了。

中世纪受鼠疫折磨的都市人,似乎已经明白近距离接触的风险。当时染上鼠疫死在家中和街头的市民,其尸体必须运出城外掩埋。但触摸受感染的死者似乎不是明智之举,因此市民想出运输尸体的方法,他们用一根长度超过 3 米的竿子把尸体叉起来,像拿炭烤肉串一般运往处理场。

改掉用手摸脸的习惯就可以打败感染性微生物。成人平均每 5 分钟就会碰触自己的眼、口、鼻 3 次,儿童的碰触次数则超过成人的 2 倍。每日以手摸脸的总次数估计可达 20 次到几百次。别忘了,病原体在固体表面或在你手上静候良机(手帕其实非常不卫生),它们无时不在等着搭顺风车附上自己喜爱的侵染入口——黏膜。

咳嗽和喷嚏排出的微生物可以随飞沫在空中移动约 1 米。若是旁人打喷嚏时,你刚好站在承接飞沫的位置,可能就要染上感冒。不过,病毒更有可能落在家中或办公室的各处表面。当接触这些表面时,它们就会沾到你

的手上。一般感冒病毒和流感病毒落在无生命表面后仍然具有感染能力，最长可维持 3 天。悬浮微滴中的流感病毒仍然有感染能力，最长可维持 1 个小时。粪生微生物、葡萄球菌、甲型肝炎病毒和轮状病毒染上了任何表面，都能够存留好几个小时到好几天。若想预防感染就必须彻底清洁、消毒，或使用卫生清洁剂来清洁物体表面。

防范散播感染的最佳良方

遵循良好的卫生原则是对抗感染的最佳防范方法（见本书第五部分）。了解病原体采用哪些方式来四处移动也属明智之举。

早期民众相信，疾病是人类和魔鬼结交所招来的惩罚。时至今日，公共卫生专业已经有长足的发展，对疾病传播也有更全面的了解。孕妇对胎儿的传播现象称为**垂直传播**，个人向旁人传递感染的现象则称作**水平传播**。水平传播中还有称为**直接传播**的子类，指身体和身体接触的传染现象，例如借由性行为传播的性传播疾病。

多数人都明白人际间碰触的感染风险，但却常忽略了**媒介传播**感染，指病菌通过中间媒介在人群或动物群之间蔓延的现象。病菌借由无生命物品传播的现象称为**间接传播**（又称为"间接接触传播"），这些让微生物暂时停歇的无生命物品被称为**传染媒**（图 6-1）。想想看，传染媒包括了马桶冲水压柄、遥控器、旅馆电话、冰箱门把等。

若家中有人在院子里踩到狗的粪便，把少量污物带进屋内后不久，你的饼干正好掉在那块地面上，当捡起饼干想要咬一口前，可别忘了间接传播——"五秒法则"还需考虑到间接传播现象。

寄主和媒介动物

空气、水和双手都是媒介物，昆虫也算是媒介物。不过，由节肢动物传

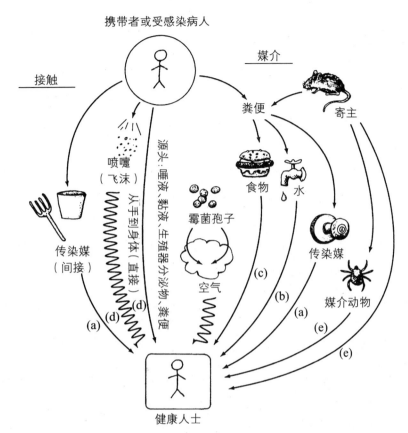

图 6-1　疾病的传播。制止病菌传播的几个要点有：（1）好好清洁、消毒；（2）做好水处理；（3）烹煮食品并贯彻食品处理安全原则；（4）不要用手碰触脸部；（5）谨慎处理动物和昆虫。不论任何情况及场合，洗手都是很重要的！（插图作者：Peter Gaede）

播感染的现象称为**昆虫媒介传播**，而该种昆虫则称为病原体的"媒介动物"或"中间携带者"。媒介动物会从**寄主**染上病原体，这时寄主就成为常态病源，不断污染特定感染媒介。

　　鼠疫期间拿竿子搬运尸体的民众，在不知不觉中示范了媒介动物和寄主的关系。如今和中世纪的情况相同，鼠疫杆菌（*Yersinia pestis*，全称"鼠疫耶尔辛菌"）依然利用啮齿类动物作为寄主。靠鼠类维生的跳蚤摄入耶尔辛菌，然后带着病菌到处咬噬，传播给其他寄主。跳蚤不只是为这种疾病披荆斩棘，向人类进军，而且还让寄主体内的耶尔辛菌保持了族群密度。

人体艺术

刺青和人体穿孔可以远溯至公元前 3300 年。现今，约有 25% 的美国人身上文有刺青。1975 年以后出生的年轻人群，身上刺青或穿孔的比例(36%)比 1975 年之前出生的人群多了许多。话虽如此，人体艺术如今也日渐扩散到较老年龄层了。刺青普及率略高于穿孔，而身上有穿孔的女性几乎高于男性 3 倍。

人体艺术业者虽然越来越注重安全和清洁，但皮肤病学家指出，凡是损伤身体皮肤保护屏障的行为都会带来危害。光顾无执照刺青店而染上抗甲氧西林金黄色葡萄球菌(超级葡萄球菌)的事例层出不穷，这点也令人担心。美国虽然有些州规定刺青店必须登记注册，却依旧有人去找没有执照的艺术家。

刺青

刺青时将油质色素或合成染料色素植入皮肤深度约 1—2 厘米内，这时原生微生物和感染型病原体会趁机进入新伤口，造成刺青之后常出现的局部感染现象，典型症状为红肿和疼痛，偶尔还会出现菌血(血流中出现细菌)。刺青感染通常源自金黄色葡萄球菌、铜绿假单胞菌(*Pseudomonas aeruginosa*)和化脓性链球菌。梭菌感染(破伤风)和尖锐金属戳刺有关，所幸多数人都注射了破伤风疫苗。

人体艺术家常是乙型和丙型肝炎的感染源头。得克萨斯州立大学西南医学中心的一项研究发现，身上有刺青的人染有丙型肝炎的比例比没有的人群高了 6 倍。因此，美国血液银行协会规定，凡是接受过刺青的人都必须等待至少 1 年才能献血。

人体穿孔

穿孔部位局部感染发生率为 10%—30%。以下是常出现若干感染的身体部位,祸首常为原生微生物种群:耳朵(金黄色葡萄球菌、链球菌、假单胞菌);鼻(金黄色葡萄球菌);舌头(口腔菌群、金黄色葡萄球菌、乳头瘤病毒);乳头(葡萄球菌、链球菌);肚脐(金黄色葡萄球菌);生殖器(乳头瘤病毒)。此外,穿孔感染也常和乙型、丙型肝炎病毒有关,当然这两种病毒并不属于原生微生物群。另外,美国皮肤病学会(American Academy of Dermatology, AAD)还点名结核与破伤风,以及酵母感染性脓疡,将它们归入穿孔和刺青可能染上的疾病之列。软骨穿孔(例如上耳穿孔)若出现感染就很难愈合,因为这些部位的血流供应缓慢,会延迟身体伤口愈合的进程。

公共卫生专家们对人体艺术的实际风险意见仍旧相左。不见得所有感染都有记录,因此很难查出哪家刺青店的卫生有瑕疵。美国的人体艺术店不受政府管辖,而且设备和染料也没有纳入 FDA 的灭菌和安全检核范围。

AAD 提供了几项降低人体艺术感染风险的秘诀:

刺青:

刺青后 24 小时应打开包扎物,让伤口透气。

伤口可以使用温和肥皂并用冲水清洗。不要使用乙醇质乳液来润湿伤口部位。若使用含抗生素软膏并造成不适则应停止使用。

刺青部位完全愈合之前应予遮护,避免阳光直射。

穿孔:

舌头穿孔后,含着冰块,或以盐水、温和漱口水冲洗,缓解肿大现象。

用肥皂和水清洗嘴唇、肚脐穿孔部位。

用温盐水清洗生殖器穿孔部位。

穿孔部位愈合前,不要穿着会压迫伤口的衣物。

确认穿孔用金属工具为不含镍的手术等级钢、钛或铌材质。质量较差的金属会生锈,有可能造成感染。

适用于两者:

注意店里是否清洁,询问店家穿孔工具的清洁方式和贮藏等问题。

确认穿孔师戴上口罩和外科手套,而且每来一位新的顾客都会更换新刺针,工具和刺针也都会分别经过灭菌处理。(注意使用的工具和刺针是否像外科、牙科工具那样妥善包装。)

确认穿孔师在进行之前,先用棉花团蘸乙醇处理你的皮肤。

被鼠类咬一口,或被跳蚤叮一下(这种情况比较常见),伤口处就成了感染性疾病从动物向人类跳跃的出发点。随着社区扩张到未开发地区,人类便与病原体的寄主比邻而居,于是鼠疫是否会再度暴发令人忧心。如今,家猫也成为另一项隐忧,若它们吃了受感染的野生啮齿动物,便可能引发一场鼠疫。

耶尔辛菌发展出巧计,让鼠疫持续不灭,这种菌类会妨碍跳蚤的消化作用,使它们生病。跳蚤于是饥渴难当,怎么都吃不饱,于是四处觅食,吸取更多血液,促使啮齿类寄主族群越来越多。一旦进入人体,这类细菌便侵入吞噬细胞内部,然而吞噬细胞却正是奉免疫系统差遣进入血流,负责搜索、扑杀入侵微生物细胞的。

鼠疫的传播全景描绘了媒介传播和媒介动物所起的作用,也凸显疾病对社会的可怕影响。鼠疫病损部位最初呈玫瑰色,之后才转为黑蓝色,这项特点对医学有重大意义。有首叫做《围着玫瑰红绕圈》(*Ring Around the Rosy*)的童谣,相信源自中世纪,歌词描述的就是当时鼠疫病损的情况。

毒力和易感性

当身体免疫系统功能损伤时,就是病原体诱发感染的良机,连常态微生物种群都有可能开始肆虐。艾滋病流行现象让**机会致病型的病原体**冠上新的意义。由于免疫系统受损,无力对抗常态微生物种群,于是它们得以危害生命。换句话说,平常无害的微生物种群得到机会也会引发疾病。在艾滋病疫情初期,患者因染上"新种"微生物,引发种种不明病痛,前往医院和医务所求医。当时的医师竭力想鉴定这群机会致病性的病原体,但患者人数不断增加,几百人相继感染。(疫病初期出现众多机会致病型的感染原和感染症,包括肺炎、巨细胞病毒引发的视网膜炎、病毒型脑炎、隐孢子虫引发的迁延性腹泻,还有隐球菌〔*Cryptococcus meningitis*〕性脑膜炎。)

在每个家庭中,偶尔会有家人在健康状况恶化、染上感冒或流感的时候,容易受到感染。良好的个人卫生习惯、定期整理家居环境,都是减缓病原体蔓延的重要步骤。留心疾病的传播方法只是最基本的要件。

美国经济以服务业为基础,办公建筑和大众运输体系常常挤满人,机场航空站和某些学校人满为患(监狱也是如此)。卫生专家点名指出,办公室区分小隔间的趋势就是助长感染蔓延的因素之一。除了这几项之外,再加上人口老龄化,工作人口年龄提升,而其中有些人还有免疫缺损问题,造成人群受感染倾向高涨,病原体的发作机会提升,两相结合,双管齐下。

免疫力

免疫力是身体对抗非原生微生物类群的自卫能力。你的受感染倾向由你的免疫系统强度来决定。免疫系统扮演关键角色,能保障物种存续。或许就是如此,免疫系统才演化出好几项组成组件,有些是匹配互补的,有些则扮演第一线防卫的后备力量。

先天免疫力

消毒剂能够保护你免受病原体侵袭,不过只保障到新病原体现身之前。这有可能在消毒之后 1 个小时发生,也可能在 1 分钟内成真。我们的免疫系统则能提供多年保障,或许还能终身抵御多重病原体。

免疫系统具有戒备功能,防范有可能侵入皮肤、黏膜外层屏障的所有外来颗粒。总体而言,一颗花粉或一个感冒病毒对人体来说都是入侵者,必须予以摧毁。(器官移植也会出现这种现象,医学界竭力想骗过免疫系统,让它们将"异物"误认为是"自身"物质。)

免疫系统有两个部分:其中一部分是先天的系统,在出生时或生下不久后便发育成形;第二部分是后天的免疫力,因应某种外来实体才发展出来。两套系统都提供身体第二道防线,当皮肤和黏膜缺损时,便能发挥功效。

设想你的手臂上有一批葡萄球菌细胞,手臂不小心被刀子割到,伤口见血。这时,切割动作把细菌推入层层皮肤,血流带走菌群。若身体没有作出反应,这一小群入侵微生物就会繁殖。血流系统有微生物侵入的现象称

医院感染

住院病人和门诊病人遭受感染的概率高于一般大众。美国每年约有 200 万人在医院受到微生物侵染，这就是**院内感染**。除了医院之外，发生在养老院和门诊诊所的感染也算是院内感染。

过去 20 年间，院内感染率大幅升高。更令人吃惊的是，目前已知的主要微生物病原全都具有抗生素耐药性，其中几种细菌已经能够耐受第三代抗生素。

院内感染往往归属机会致病性类别。保健机构通常十分拥挤，许多人挤在狭窄范围内，手部和身体接触相当频繁。加上进出医院的患者感染疾病的比例很高，而且原有病症也已经减损他们的免疫系统功能。有些疗法还会雪上加霜，暂时让免疫系统功能减弱，如器官移植和癌症化疗等。医院诊治经常会损伤若干身体屏障功能，外伤、注射、手术或烫伤都会造成皮肤或黏膜破损，为感染开启感染入口。导尿管、静脉注射管线和呼吸器也会进一步提高风险，因此使用这类装置时一定要特别小心，才能降低感染概率。

医院自成一种特殊环境，让抗生素耐药型微生物得以安然栖身。医院中有些独特环境会将某些难缠的菌群局限于特定病房，这些病房里便可能包含外界完全见不到的特殊菌株。最主要的感染症大致包括尿道感染、皮肤感染和手术部位感染，随后则是呼吸系统感染和插管处置造成的感染。

四五十年前，能以抗生素对付的葡萄球菌是造成院内感染的主要微生物，也是当年唯一已知的院内感染病原体。如今院内感染主要祸首则是抗生素耐药型葡萄球菌，另外还有好几种共犯。过去 5 年间，主要的医院感染当中，以肺炎克雷伯杆菌(*Klebsiella pneumoniae*)感染率增长最快。

主要的医院感染型病原体包括：

抗甲氧西林葡萄球菌、凝固酶阴性葡萄球菌

抗甲氧西林金黄色葡萄球菌(超级葡萄球菌)

抗环丙沙星／氧氟沙星铜绿假单胞菌

抗左氧氟沙星铜绿假单胞菌

抗第三代头孢菌素肠杆菌

抗青霉素肺炎球菌

抗万古霉素肠球菌

抗第三代头孢菌素肺炎克雷伯杆菌

抗亚胺培南铜绿假单胞菌

抗喹诺酮大肠杆菌

为**败血症**,不容许败血症出现便是免疫系统的责任。万一微生物在血液中繁殖、蔓延,并促成发炎反应,这种严重情况便称为**脓毒血症**。

CDC 全国院内感染监控系统颁布了一项感染趋势,并在所属网站贴出指导方针,供患者和保健专业人员实行,内容涉及手部卫生、侵入型装置、导管和手术部位。

在医院中,碰触仍是导致感染的最大起因,至少占了 80%。除了护士、医师,访客、病人和非护理部门员工都必须了解病菌如何传播。但有数据显示,在所有医疗机构员工中,接触患者前洗手的人数不到 30%。这也是尽管医院雇用的卫生专家人数更多了,院内感染事例依旧持续增加的原因。

南丁格尔(Florence Nightingale)曾提出明确忠告:"不造成病人伤害原本就是医院该做到的,把这点当成第一条誓言,反而让人觉得奇怪。"

白细胞是呈白色的特化血细胞,能侦测血流中的细菌。一旦侦测到细菌,白细胞就会发送警报,召唤能力更强的其他细胞来摧毁细菌。于是几分钟不到,刚刚从手臂入侵的葡萄球菌就会被吞噬细胞吃掉(吞噬作用)。若伤口部位还存有少数葡萄球菌,其他白细胞就会在这里引起发炎。细胞在这时也会释放出各种组织胺让血管扩大，让更多白细胞赶来对付入侵者。机体在这段期间也不断建构纤维屏障，将伤口部位包覆起来，以免入侵的细菌逃脱。葡萄球菌在重重包围下无计可施，最后完全被消灭。

有些葡萄球菌菌株能制造凝血酶。这种酶会让受伤部位的血液迅速凝固，于是浓稠血液在菌群四周形成障壁，提供了一个菌群藏身的临时堡垒，避开血流中白细胞的侦测。这时侦测时间变长了，葡萄球菌便有更多时间可以繁殖，提高它们诱发感染的机会。

若血流中有一两个细菌逃脱白细胞攻击，会发生什么情况？遇到这种情况，淋巴系统的淋巴管和淋巴结会派出另一类白细胞。当血液缓缓流经淋巴管道时，淋巴系统会清除血中碎屑，随着血液通过管道的细菌也会被逮住，然后被淋巴细胞杀死。

除了细胞免疫反应之外，体内还有 30 种蛋白质（称为补体）加上另一群干扰素随着血流循环。补体蛋白会攀附在细菌上并杀死它们，接着发出信号启动发炎作用。有时候单凭补体蛋白就能完全杀光细菌，干扰素则专门对付病毒，制止进入体内的病毒复制繁殖。

虽然病原体经过以上介绍的几种免疫机制几乎是毫无生机的，然而还是有多种病原体有还击之力，能制造凝血酶的葡萄球菌就是个例子。有些病原体甚至更富巧思，如 HIV、疱疹病毒和结核杆菌等，它们会借由藏身在寄主本身的细胞内部来规避免疫反应。

HIV 是感染人类的异物中最狡诈的，因为它们会侵入免疫系统本身所属细胞。HIV 附着及进入淋巴系统的 T 细胞，接着把自己的基因混入 T 细胞的 DNA，在 T 细胞内部发出指令来制造几千个新病毒。HIV 于是藏身人类细胞内部，避开寄主负责摧毁外来颗粒的防卫系统。

辨识"异物"是免疫反应的第一步。HIV 和流感等病毒经常会发生突变，病毒外表的组成经常借突变作用产生微妙变化，于是白细胞辨识异物的使命遇上变数，而入侵者则取得上风。

就肺结核的情况而言，免疫系统虽然能发挥正常功能，却带来要命的

并发症。巨噬细胞能包覆结核杆菌,把它们"吞入腹中"。然而在巨噬细胞裹住结核杆菌,预备把异物消化期间,血流却带着这些巨噬细胞和躲过巨噬细胞分解作用的病原体来到肺部。肺部是结核病原体的目标组织,于是躲过巨噬细胞分解作用的细菌便开始繁殖,引发疾病症状。

HIV、疱疹病毒和结核杆菌只是少数实例,其他还有许多人类病原体都已经演化出种种做法,得以回避、利用免疫系统来达到保存自己的目的。难怪这些疾病始终难以根除。

获得性免疫力

贝林(Emil von Behring)因证明免疫力可以在不同种动物之间转移而获得 1901 年诺贝尔奖。这种转移现象得归功于血液制造**抗体**的能力。**获得性免疫力**是生成抗体的历程,这类抗体专门对付侵入体内的特定异物,尤其是再度感染的入侵对象。除了胎儿诞生前就能从母亲取得某些抗体,也可以借由人为方式取得免疫力,这就是接种疫苗。

如同先天免疫力,获得性免疫力也能迅速启动,对付侵入身体的外来颗粒。白细胞能因应情况发送警报,当它们察觉血流或皮肤表面需要抗体,便向免疫系统发出信号,启动制造抗体。当某种病原体第一次侵染身体,成群抗体便出发助阵,和白细胞、淋巴细胞、补体与干扰素联手抗敌。不过,抗体还扮演更重要的角色,它们能够因应再感染状况,启动反制措施。就多种不同情况,就算病原体事隔多年再度造成感染,抗体都有办法作出反应。

抗体

抗体是一种蛋白质结构,能与微生物的外表面特殊分子结合。一旦与微生物外层结合,抗体便紧抓不放,不过它并不伤害微生物,而是向特定细胞发出信号,召唤它们前来对微生物痛下杀手。

　　抗体初次接触微生物之后,免疫系统就学会制造更多同类抗体,而且制造速度很快。当下次这种微生物又出现时,机体早有准备对它发动攻击。抗体的设计功能是能够与感染原的独有特征结合,这类特征称为**抗原**。于是当同种微生物再次出现时,它的抗原就会启动免疫反应。

　　先天免疫系统可以比拟为快速反应特警部队,遇到不明情况便奉命出动搜索、摧毁敌人。它们明白入侵者可能一再现身,于是增援队员(获得性免疫力)施予特殊技能训练(抗体)来对付敌人。获得性免疫力必须花费较长的时间来发挥功能,而先天免疫力则能迅速启动,时时监测辖区动态。先天免疫力在几分钟之内就能作出反应,获得性免疫力的抗体则需较久时间才能产生,不过经过练习便能改进。当机体认出之前曾经引起感染的入侵异物,免疫机能就会迅速启动,不到几天就能制出大量抗体。我们一生的身体防卫主要都靠获得性免疫作用,来对抗好几种一再现身的疾病。

疫苗和接种问题

疫苗养成我们的获得性免疫力。疫苗是种抗原悬浮剂,一旦注射进入血流,便能诱导身体启动抗体的制造作业。接种要成功,身体必须在微生物一现身时迅速侦测、辨识,同时立刻启动免疫系统,开始制造与其相匹配的抗体。接种只是一个预防措施,世界上没有绝对安全的保障,成人、儿童都可能在某一天接触到某种疾病。

美国实施多种病毒性疾病疫苗接种,主要为麻疹、腮腺炎、水痘、德国麻疹(风疹)、乙型肝炎和脊髓灰质炎,针对高风险族群还提供甲型肝炎和狂犬病疫苗接种。年度接种计划也针对新种流感病毒提供疫苗,不过成效优劣不一。

大致上,病毒引发的疾病多能借由接种预作防范。细菌性疾病则往往在感染出现之后,才施以抗生素治疗。细菌性疾病的疫苗种类不多,目标病症包括破伤风、白喉和百日咳。针对病毒开发的疫苗种类较多,这是由于病毒的外表成分和细菌的外壁、外膜不同所致。病毒外层含大量蛋白质,免疫系统很容易制成蛋白质抗体。而细菌外表构造多半为构造复杂的糖类,免疫系统较难应付。

疫苗可依制造方式区分成不同类型,现有的疫苗种类包括:(1)减毒活疫苗,采集活病原体制成,不过这种病原体经过一段突变历程,毒力已经减弱。(2)灭活疫苗,将病原体杀死作为制造原料。(3)亚单位疫苗,采用能激发抗体反应的病原体片段制成。(4)类毒素疫苗,取毒素加热或以化学物质解毒制成。

生物技术公司目前正在研发新式重组疫苗,设法以多种微生物成分作为混成原料。此外,DNA 疫苗也列入开发进程,把载有指令的 DNA 注入体内,机体便能针对特定病原体制造抗体。寄主 DNA 必须把新的 DNA 纳入构造,接着进行复制,若效果一如预期,那么寄主终生都能制造所需抗体。

接种疫苗安全吗

医师会遵照建议时间表为儿童接种疫苗,西方医学界的接种计划从婴儿诞生之后两个月开始,持续到 8 个月大,接着往后几年再进行补强接种,流感注射则每年都要施行。

有关接种的效益和风险争议不在少数。天花的消灭让疫苗拥护人士据此倡导对其他疾病实施免疫接种。扑灭天花确实是医学史上辉煌的一页,但这项成功让不少人跟着认定脊髓灰质炎、百日咳,甚至连麻疹都已经一败涂地。医生误以为脊髓灰质炎几乎已经扑灭,那是因为他们再没见过脊髓灰质炎患者。事实上,过去 6 年来,全球脊髓灰质炎病例开始呈现增长趋势。全球的麻疹病例虽然逐渐减少,但每年依旧有超过 50 万名 5 岁以下幼童染上麻疹病死。

接种与否,一部分得依逻辑判断,一部分则靠统计数字决定。若是接种疫苗对抗某种疾病的人群(主要是儿童)人数够多,其实并没有必要继续为全人口进行接种。这得归功于**群体免疫力**。健康风险专家已经算出,必须有多少比例人群染上病原体,该种感染才会开始蔓延。每一种疾病各有这个特定的百分比值, 而且所有人群都有一部分对新的感染具有免疫能力,因此当这个免疫人群比例终于达到临界值,这种疾病的传播概率就变得非常低。社群(或群体)的行为就像单一生物,和蚂蚁群落相仿,举例来说,若群落 80% 的成员免疫,那么其他 20% 就相当安全,不至于染上该种疾病。接种计划必须达到群体 80% 的普及程度才行。

群体免疫力是一种巧妙的概念,但不容易取信于人。这是根据统计分析,不是哪个人的抉择。只有信任统计资料的人,才敢仰赖群体免疫力,这点大家应能体谅,特别是家有幼童的双亲,当医师提醒该为孩子做预防注

射了,做父母的实在很难拒绝。

质疑或拒绝接种的人群日益增加,他们还引述群体免疫概念来佐证。他们辩称:"既然连医师都没见过脊髓灰质炎或麻疹病人,那么做父母的何必担心?群体免疫力足以保护没有接种疫苗的人。"其实这项论点有个致命弱点,今日的世界四海如一家,不断有新成员加入,旧成员退出,群体凝聚力不如以往。人类再也不能和蚂蚁相提并论,不再像蚂蚁群落与世隔绝独立生存。人群中以个人行为为主,进入新的地区的移民或旅客或许具备另一套免疫能力,却无法应付美国常见疾病。在马可·波罗(Marco Polo)时代,病毒必须经历多年才能迁移到其他地方。但这些年来,病菌已经能够跨越辽阔距离。时至今日,SARS病毒可以在几小时之内跨越半个世界。群体免疫作用依然有效,但如今的免疫圈已经出现许多破绽。

反对免疫接种的人士还辩称,疫苗本身就不安全。事实上,减毒活病毒疫苗是采用经过突变、对人体无害的病毒制成的。反对接种的人士提出质疑:"若是某种突变可以消除毒力,那么另一种突变就可能让毒力恢复。"尽管这种事例十分罕见,还是有发生的可能。根据估计,脊髓灰质炎疫苗导致患脊髓灰质炎的概率为1%。

有些疫苗是以局部去除活性的毒素制成的,这点也令人担心。单就"局部"去活性的毒素这种观点,就让许多人认定疫苗带来的风险实在太大了。

有些疾病,如麻疹就需采用活病毒接种来预防。活病毒接种常引发不良反应,麻疹疫苗接种就有可能引发皮疹、发烧或关节疼痛,人数比例可达15%。

有些疫苗在制造时要先杀死活病毒,接着才纳入其作为原料。用来杀死病毒的化学物质包括石炭酸和福尔马林,两种化学物质都对人有毒。此外,原料病毒必须在活细胞内培育,才能繁殖出制造疫苗所需数量。制造流感疫苗的病毒是在鸡蛋胚胎中繁殖的,如此制成的疫苗悬浮剂中便含有鸡蛋的蛋白质,因此对蛋类过敏的人接受了疫苗接种就可能出现过敏反应。科学界对这个问题尚有争议,拥护接种的人指出,疫苗所含蛋类蛋白质数量非常微小,不足以引发严重过敏反应。然而 CDC 却发表资料,强烈建议对蛋类蛋白质有过敏反应的人士,不要打以蛋类为基本原料的若干疫苗。

除了这些论据之外,反对疫苗的人士还提出其他见解。他们拿出资料,佐证疫苗和人类的几种重症有连带关系。医学界和学术单位针对疫苗导致急性综合征的现象进行研究,累积了若干正反面资料。有关疫苗和疾病的牵连最常引发争议的是:(1)麻腮风三联疫苗[预防麻疹、腮腺炎和德国麻疹(风疹)的三合一疫苗]和儿童自闭症的关系;(2)乙型肝炎疫苗和多发性硬化症的关系;(3)脊髓灰质炎疫苗和 HIV 之传播的关联;(4)轮状病毒疫苗和肠道阻塞的关系;(5)水痘疫苗和水痘传染给其他家人的关系;(6)百日咳疫苗和抽搐发作的关系。

对于疫苗的争议,正反两方都做了大规模分析,累积对己方有利的资料。许多人都了解,统计数据可以因应所愿证明所思。医学机构发表的研究报告几乎全都经过各学科科学家严格审查,而且医学期刊引用的统计资料也都经过详细审视。就如科学领域的众多争议,研究这项课题必须谨慎,最好是全面阅读可信赖的文献。

感冒和流感

　　一般人往往将这两种病症混为一谈,误以为普通感冒和流感都是由细菌引起的,却不知道两种都是病毒性疾病。这种误解已经行之有年。流行性感冒一词可以溯自中世纪,当时认为某些星体的位置能"影响"和诱发疾病。

普通感冒

　　鼻病毒和人类冠状病毒是最主要的一般感冒病毒。鼻病毒是尺寸最小的病毒之一,直径约为 25 纳米,偏爱温度范围为 33—35℃,相当于鼻腔内的温度。至少含 100 种**血清型**(能诱发制造抗体的特异性状)鼻病毒,多种血清型可以组成无限组合,让免疫反应穷于应付。所以普通感冒能一再复发,机体完全造不出充分抗体来对付所有突变类型。

　　冠状病毒以诱发 SARS 名闻遐迩,但大家却忘了它也是种感冒病毒。这种圆形的病毒直径为 80—160 纳米,外围遍布棒槌状突起,看来就像个王冠(图 1-7)。就像鼻病毒一样,冠状病毒主要也借由传染媒介来传播,打喷嚏、咳嗽为次要传染方式。

　　对于普通感冒的奥秘,最近开始有研究显示,老格言"感冒宜饱食,发烧宜禁食"说不定有几分道理。以下列出几项深入人心,却没有确凿证据的对付感冒的奥秘:

　　感冒宜饱食,发烧宜禁食?医学界普遍认定,这项格言最好弃置不顾,不论你染上感冒或发烧,都要摄取大量养分、流质,并尽量休息。

免疫系统减弱才容易染上一般感冒？一旦感冒病毒进入鼻子，不论健康或生病体虚的人，几乎都会受到感染。

高温导致黏膜干燥，让人更容易染上感冒？尽管鼻子觉得干燥，防护黏膜在低湿度环境下仍旧可以发挥健全功能。

寒战一开始，感冒跟着来？学者征选产生寒战和没有产生寒战的志愿者进行接种研究，两组实验结果并没有显著差异。

症状一发作，感冒好得快？一旦病毒感染鼻腔，症状便开始出现。而且随着病毒在细胞内部繁殖，感冒病程也同步发展。打喷嚏和流鼻涕让病毒更有机会传染给别人。

感冒时喝牛奶会增加鼻涕黏液？牛奶和其他食物一样，同样都会被消化，并不会造成黏液累积。

流行性感冒

流感病毒最早在 20 世纪 30 年代被鉴定确认。如今，流感病毒分为甲、乙、丙三型，分类依据的是病毒衣壳(具抗原作用的)凸起部位之分子构造。甲型流感病毒与其亚群，常和人类族群的流感暴发有关。乙型病毒较少引发疫情，症状也比甲型轻微。至于丙型，目前认为这型流感病毒对人类健康并无危害。

由于流感病毒突变频繁，每年都必须准备新的疫苗来对抗流感，也因此，前一年的流感和当年出现的并不会相同。每年都有不同病毒抗原现身，机体免疫系统认不出这种种样式，因此无法制造出充分抗体来攻击病毒。每年出现的流感病毒都不相同，这些突变现象统称为**抗原转换**。流行性感冒的抗原转换或也可以视为演化适应的结果，于是它才得以在一个族群中存续下来，一再感染寄主。流感病毒的构造变动不绝，相对而言，麻疹等病毒则只有一种，只要打麻疹疫苗，再加上一剂补强接种，百分之百都能获得免疫能力。

每年现身的流感类型有可能来自不同的动物感染源,主要的寄主包括鸟类、猪和马。流感疫情往往可以追溯自乡村地区,因为在这些地方,人畜常有密切接触。鸟类则是流感病毒的重要寄主,禽流感也是近几十年严重疫情的祸首之一。

每次为新季节制造疫苗的时候,都必须在当年稍早期辨识出新的病毒样式。这得先在全球搜罗几百种毒株进行分析,接着选定几种最可能出现的毒株。每年选出的毒株多寡不等,可能是少数几种,也可能纳入十几种,甚至结合更多种类来开发疫苗。

开发、制造、配送疫苗必须耗费好几个月的时间,若毒株的选择不够审慎,下一季流感盛行期的疫苗恐怕就要失灵。科学家可不愿承认他们在选择毒株时是靠猜的,他们会动用自己就毒力、传染、流行病学和保健趋势等所有学科知识,来决定哪一种毒株可能带来下一波威胁。全力完成审慎周全的科学分析之后,虽然仍有些许揣测余地(只能靠猜),但他们的选择一般都没错,每年的疫苗通常都能有效预防流感病毒。

流感病毒和鼻病毒不同,它们并不待在上呼吸道。流感病毒沿着细胞衬里行进,一路深入呼吸道并直达肺部。身体疼痛、寒战,还有发烧都是常见症状,许多人还会出现咳嗽、喉咙痛和头痛。疼痛、寒战和发烧是由于免疫系统启动功能,拘捕、杀死病毒所造成的后果。流感并不会引发肠胃不适,我们常听见的"肠胃型流感"描述得也没错,但这是由诺沃克病毒引发的病症,而不是流感。

流感病毒的直接祸害出自它的毒素,当病毒沿着呼吸道移动,同时也释放出这种毒素。除了机体对于病毒的免疫反应之外,当病毒的毒素进入血液中,还会引发其他症状,如眩晕、头痛、疲倦,还有发烧与寒战。

非常年幼和非常年老的人因感染流感致死的风险最高。肺部发炎了,其他微生物便会趁机引起继发性感染。新生儿尚未健全的免疫系统,还有老人脆弱的免疫系统都抵挡不住微生物的猛烈攻势。流感加上肺炎构成美国感染性疾病最大死因,特别是对老年人群的危害更大。

感冒和流感的蔓延

感冒和流感都与寒冷、多雨天气候有关。在北美，从晚秋到来年早春都是这种天气。没有证据显示在这段时期，周遭环境存有更多鼻病毒，不过一般相信低温和潮湿更有利于它们存活，流感的周期起伏比一般感冒更明显。流感的出现和消退或许并非气候因素所致，而是动物寄主的生殖周期使然。若是湿冷气候和感染蔓延有关，或许可以从人类行为推论得到解释，因为天气湿冷的时候，人们较常群聚在室内。

用手触摸脸部也会传播鼻病毒，十几个微粒可能就会得到感染。一般感冒综合征在 2—4 天之内就会出现，包括分泌黏液、流眼泪和打喷嚏。相对而言，甲型流感较常借悬浮微滴传染，往往必须较高剂量(几千个到几百万个)才会让人生病。原本健康的人染上流感，综合征在 1—3 天内就会出现，不过感染之后一两天内，在综合征还没有出现之前，患者就可能开始散播病毒微粒。

万一染上感冒或流感，最好请假待在家里养病，以免把病毒传染给同事。美国感染性疾病基金会(NFID)发现，在 2005 年，有 35%美国在职人员认为，即使染上流感深感不适，还是不得不去上班，但同时也有半数人表示，同事生病还来工作让他们觉得不快。为什么生病了还要拖着身体上班？NFID 解析受感染患者，探究在家养病可能带来哪些心理压力，发现有 60%的在职人员担心工作做不完;48%认为待在家里让他们心生愧疚;25%表示请病假没有薪水可拿;24%则表示雇主不准病假，或只允许很少的病假天数;还有约 20%各有不同说法，有的表示老板会生气，也有人说他们可能因此丢掉饭碗。事实上，每年就职人员因染上流感还来上班所造成的生产力损失，总计高达百亿元美金。

第一次世界大战

1918 年 3 月，饱受征战折腾的美国士兵从泥泞战壕和阴冷森林

回到家中。那是第一次世界大战进入尾声的时候,部队调动和人员召集照常进行,大西洋两岸的战斗人员都厉兵秣马,为最后几个月战役储备力量。欧洲各战场生还兵员纷纷搭上船舰,放下紧绷心情,心中浮现故乡各地农庄、都市街道,家人迎接将士凯旋的画面。几千支部队返回国门,这批满脸疲惫的补充兵员退役了,每个人在心中祈求大战早日结束。

美国堪萨斯州赖利堡春季一个寒冷清晨,一名年轻士兵在整队时表示自己发烧、喉咙痛和头痛,于是离开队伍前往营内军医院。午餐时,另一名士兵也出现相同症状。不到一周时间,军医院已有 500 名相同症状病号。到了春末,已有 48 人死亡。到 1918 年末,美国已有将近 70 万人死于西班牙型流行性感冒,这场大流行也在欧洲、亚洲、非洲、巴西和南太平洋横行肆虐,到 1919 年在全世界夺走 5000 万条生命。

从 1918 年 3 月起,美国本土各州医院涌进许多尚未退伍的士兵和水手病号。他们的家人不久后也都染上流感,先是都市居民,接着流行病无情地向乡间扩散,往西继续蔓延。一个月间,有 12 000 名美国人病死,至 10 月总计死亡数字高达 195 000 人。随着病死案例遍布全国,人们对生物恐怖攻击的恐慌迅速滋长。一位保健官员提出一项理论,预先洞察科学结合民族主义在当时带来的后果。他揣测:"德国官方轻而易举就能在战场或大批民众聚集处散播西班牙型流感病菌,德国人在欧洲已经引发好几次流行病,没有理由认为他们对美国会特别宽容。"

当时,从夏季到秋季,医院挤满了病人,死者就堆在通往太平间的走道上。卡车轰隆隆地穿过街道,一再停靠接运棺木和尸体。微生物学家开始开发疫苗,还亲身试做接种,但由于当时的技术有限而无力突破,他们误以为是细菌造成这场灾难,却没料到病毒才是真正的罪魁祸首。各种新式疫苗纷纷失败,军医处处长沃恩(Victor Vaughan)束手无策,无奈断定:"倘若这次流行病继续加速蔓延,地球上所有居民大有可能在几星期之内全部消失。"

医师手忙脚乱寻觅疗法或预防良方,各个都市城镇也纷纷采取各种措施,保护还未受到感染的少数居民。学校和戏院停止营运。佩戴面罩的警察——"流感特警队"驱散群众,禁止行人出现在街道上,逮捕没有戴面罩的人。11月,第一次世界大战停战日来临,各地连续举办宴会和游行,再度助长疾病传播。圣诞节前夕,街道一片空旷。染上疾病生还的少数民众以及幸运不受感染的人都学到了教训,明白人群是传染媒介,病菌能借由空气传播。于是少数开门营业的店家取消假日促销活动,避免涌进购物人潮。上班族和工厂员工待在家里。只有孩子们唱着歌跳绳玩乐,在当时这首童谣传遍了全国:

> 我有只小小鸟,
>
> 他名叫流感。
>
> 我打开窗子,
>
> 流感飞进来。

来年年初,西班牙型流感大流行终于平息。医界实行的行动似乎没有产生任何影响,疫病就这样消失了。一位洛杉矶公共卫生官员认为,这是因为感染原的毒力太强,"感染原再也找不到容易受感染的对象,因此无法再感染别人。"

1918—1919年流感大流行致死人数远远超过世界大战期间的所有死亡总数。之后,科学家溯源发现,疾病根本不是出自西班牙。经过遗传突变造就了一种高毒力特异毒株,由于是全新品种,现存群体免疫作用才会对它无能为力。

20世纪90年代,一组病理学家在一具埋藏在阿拉斯加永冻土中

的病死尸骸中检验出了 1918 年流感病毒的 DNA。他们描述这种流感病毒拥有一套极其高明的功能，特别擅长附着黏膜细胞，足以解释为何毒力如此强悍，但仍无法说明促成大流行的原动力为何。

今日，身处禽流感疑云中，不禁要令人担心，许多病毒学家发表的言论和当年科学家讲的话并无二致。1919 年末，那批科学家就是这样双手叉腰，满脸不解地问道："怎么回事啊?"

紫锥菊

治疗感冒和流感的"家传药帖"和天然制剂的药店货架占有率越来越高，常用成分包括紫锥菊、维生素 C、锌、锰、钾、维生素 B 族，还有氨基酸。任何**药物**要获得 FDA 核准，都必须先完成动物安全性和药效试验，接着做人体试验；先以一小群人为对象，然后以好几千人完成试验。"天然的"感冒缓解剂并没有经过这类试验，因此 FDA 不准这类制剂标识上出现"治疗"、"疗法"、"药物"或"疾病"等字样，只能以营养补充剂上市，但仍要恪遵 FDA 规范，不过规定较为宽松。

根据美国多数保健机构所提出的报告，并没有证据支持紫锥菊可以缓解感冒或流感症状。但仍有若干研究认为，紫锥菊或可以强化免疫系统，减轻发炎现象。据称，紫锥菊萃取物含有具备疗效的复方：蛋白质和糖类、油类和抗氧化剂，这类化合物加上免疫系统功能，能控制伤口的愈合和炎症。尽管将紫锥菊纳入抗感冒制品似乎合乎逻辑，但目前还欠缺确凿证据，无从确认这种植物是否能够直接影响导致感冒的病毒或细菌。

西方医学界有个根深蒂固的想法，凡是没有经过 FDA 核准的化合物都没有药效。世界之大无奇不有，许多非西方文化对 FDA 的试验根本视若无睹。多少世代以来，他们仰赖了五花八门的药物用作医疗用途。若能结合以技术挂帅的西方医药及非西方的传统预防、治疗或疗法，或许可以带来更有效的治疗方法。

禽流感

　　流感病毒 H5N1 型毒株也称禽流感病毒，这型毒株的寄主应该是野生禽鸟，野禽接着又感染家禽。就像其他流感病毒，若发生突变，禽流感病毒便可能从动物"跳跃"到人类身上，不过 H5N1 型从禽鸟跳跃转为人类疾病的事例十分罕见。全球保健界现在担心的是，H5N1 型可能造成**瘟疫**。（流行病是指疾病在一个国家、岛屿或大洲等特定范围传染给大量人口的情况；瘟疫则指疾病传遍全球的大流行情况。）倘若 H5N1 型或任何禽流感病毒和现存人类流感病毒同时感染同一患者，而且两类病毒还交换基因，这就会提高瘟疫大流行的概率。所产生的新病毒便可能带有禽流感的毒力，并在人群之间传播。过去几年间，H5N1 型还没有应验前述凄惨的预测。然而，这并不能排除由于全球旅行日渐频繁，助长带有毒力的流感毒株四处传播，不久的将来可能传遍全球，造成瘟疫大流行。

　　目前有几类抗病毒药物，不过药剂数量有限，而且只能对付少数流感病毒。这类药物的缺点是，必须在感染开始之后才有疗效。流感治疗药物主要是干扰病毒和寄主细胞间的基因转移。目前用来治疗禽流感的抗病毒药物包括奥司他韦、扎纳米韦。对付流感，疫苗还是比治疗性药物更有价值，因为疫苗可以先期预防，制止感染向外蔓延，以免疾病波及整个社群。

性传播疾病

性传播疾病病原体包括细菌、病毒、酵母和原虫。性传播疾病的传染能力很强,主要是因为寄主的条件很适合病原体的传播,加上社会有些习俗让患者不想求医。于是性传播疾病可以说使病原体的梦想成真。

性传播疾病的发生率很难估计,卫生机构发表的性传播疾病发生率统计表大都是根据年龄层、健康现况或 HIV 化验结果来做资料排序。性传播疾病常有多重感染现象,让情况显得更复杂,因为这会同时引发多种疾病。有些性传播疾病会潜伏好几年才发病,如疱疹和艾滋病,因此新病例的数量变得难以计算。美国各州保健机构采用的通报方式并不合宜,尽管政府每年投入 80 亿美金从事诊断和治疗非艾滋型性病,却只有淋病、梅毒、衣原体和乙型肝炎 4 种疾病被归为强制通报疾病。医师诊断出这 4 种疾病时,必须通报卫生机构。

尽管性传播疾病很难追溯源头,美国社会卫生学会依然编纂出以下统计资料:

- 美国估计有 6500 万人患有性传播疾病。
- 每年有 1500 万性传播疾病新病例。
- 每 4 名成人就有一人染有生殖器疱疹;多数人并不知道自己已经染病。
- 每年每 4 名青少年就有一人染上一种性传播疾病。
- 超过 50% 的性传播疾病新病例,年龄介于 15—24 岁之间。

美国境内的淋病(细菌型性病)、梅毒(螺旋体感染)和生殖器疱疹(病毒感染)十分普遍,艾滋病则是全球第一致死病因。其他性传播疾病包括非淋菌性尿道炎(衣原体感染)、念珠菌病(念珠酵母感染)、生殖器疣(人类乳头瘤病毒感染),还有毛滴虫病(毛滴虫原虫感染)。乙型肝炎也是种性传播疾病,却常被人忽略,它的感染率比 HIV 高 100 倍。乙型肝炎病毒传播方式和 HIV 相同,都能借由性行为和血液直接传播(好比针头刺伤)感染,或从母体传给胎儿。高达 30%的人群并不知道自己染有乙型肝炎。

女性生殖器的常态微生物会随着年龄增长而改变,乳酸杆菌为其中主要类别,它们滋长繁殖并制造乳酸,这种酸性环境可以制止其他微生物生长。当条件改变导致乳酸杆菌数量递减时,原本受到压制的微生物群便趁机开始滋长。怀孕期和更年期都会出现乳酸杆菌数量减少现象,于是酵母和原虫感染事例也会渐趋增长。

性传播疾病微生物并不会出现在家居环境中,它们在人体外部难以存活。性传播疾病必须借由人与人直接接触才能传播。性传播疾病和其他感染性疾病一样,具抗生素耐药性的种类比例逐日提高。

对抗生素的耐药性

耐药微生物大进击

20世纪40年代青霉素上市以后,抗生素耐药型微生物很快就现身,对医界发动稳健攻势。据信金黄色葡萄球菌是第一种针对青霉素发展出的永久耐药型微生物。事后回想起来,这似乎很合理。葡萄球菌普遍见于自然环境,不论青霉素处方开给哪种疾病患者,每个病人身上,包括他们的床单、睡衣和个人用品上都有许许多多的葡萄球菌。世世代代的细菌和使用抗生素来治病的患者都有密切关系,它们有机会开发、改良对抗机制,来摧毁青霉素和其他抗生素。从最早使用青霉素开始不到30年时间,耐药金黄色葡萄球菌就出现了。

耐药型微生物一度被许多卫生保健业者视为稀奇品种,这个现象延续了几十年。这个"问题微生物"清单很短,包括感染肺炎的链球菌、感染肠道的肠球菌,还有耐药淋病菌。到20世纪80年代,医师仍旧把抗生素当成万灵丹,几乎所有疑难杂症都拿抗生素来对付。若偶尔遇见耐药微生物拖延治疗进程,他们手中还有不同抗生素可供选择。许多人还认定,就算不巧,出现能够耐受种种抗生素的耐药型微生物,医药技术也会找出新的药源,不然也会有天才化学家合成出万病难敌的新药。直到80年代晚期,一些敏锐人士才开始领悟,细菌适应抗生素的速度已经渐渐超越新抗生素的开发速度。到了1994年,《新英格兰医学杂志》登出一篇文章,报道科学家从一群患者身上发现一种细菌,能够抵抗当年西方医学界所有的抗生素。

耐药性选择现象

　　抗生素是细菌或真菌制造的化合物，用来抑制其他微生物生长。制造抗生素的主要种类为芽孢杆菌和链霉菌（都属于细菌类），还有青霉菌和头孢菌（都属于真菌类）。这类生物靠制造抗生素来击退其他种类，得以独霸领域，恣意享用珍贵的养分。抗生素在细胞内制造，接着分泌出来进入周遭环境，属于**细胞外化合物**。若是保存在细胞内部，抗生素就不具有防卫效用。

　　目前已经有几种合成抗生素问世，磺胺类就是其中一例。一个有效的合成药物必须确保能够杀死病原体，但不对患者造成重大损伤。

　　抗生素会以多种方式杀死细菌，基本上是制止它们繁殖。例如，青霉素打乱细菌的新细胞壁制造过程，其他抗生素则是干扰染色体或蛋白质生成系统，还有些则是损毁细菌位于坚韧细胞壁内侧的细胞膜。不论作用方式为何，抗生素都以杀死不相干的微生物为目的。

　　细菌经过许多世代繁衍，历经自发突变，得以发展出对付抗生素的耐药性。一个细菌细胞的一段基因偶尔出现随机突变，让细胞得以耐受抗生素的作用。这是一个随机事件，由于生长速率很快，这个细胞会迅速繁殖出几百万个。同时，细菌还会彼此交换 DNA，新的耐药细胞和非耐药细胞交换一小段 DNA。倘若这段互换 DNA 包含至关重大的耐药基因，那么具有耐药性的细胞数百分比就会开始提高。

　　人体血流中的抗生素能够杀死所有非耐药"常态"菌群，不过抗生素也会"选择"不对某些细菌痛下杀手。抗生素有可能让目标菌群更具耐药性。就我们所知，这类耐药菌群栖居于医院、养老院，有时候也出现在诊所以及儿童托育中心。

　　质粒和细菌的小股 DNA 及主要的 DNA 片段（染色体）彼此区隔，而且它们携有好几段耐药基因。所以，一种菌株或许有能力抵抗多种抗生素。细菌彼此互换质粒，于是耐药性便得以在同种和异种细菌间蔓延，最后便越来越普及。

　　耐药细菌不等抗生素施展药效就先摧毁抗生素。有些菌种会制造酶来破坏抗生素，另有些则略微更动外表面组成，恰好足以避免抗生素黏附上来。有些"超级病菌"的细胞膜上有一种抗生素"主动外排泵"，抗生素一进入细胞内部，马上会被这种泵清除干净。许多人都认为，消毒剂耐药细菌正是运用这种泵，把化学消毒剂排出体外，因此除了抗生素之外，这类细菌还能抵抗消毒剂。

抗生素行业

上面我们介绍了抗生素耐药性是"如何"出现的，但我们比较关心的是抗生素耐药性"为何"出现。多年来，抗生素常有处方过量、没有对症开立处方，以及滥用处方等问题。青霉素问世时一度被当成"万灵丹"，这个想法带来了不良后果。青霉素以及之后的其他抗生素都遭到滥用。事实上有些病人只要卧床休息，病情说不定就会自行好转，但医生却开了抗生素药方，有时还加上对抗病毒感染的抗生素。这些因素都助长了微生物强化抗药性，就连只具有最轻微抵抗能力的细菌也是如此。

美国的抗生素用量十分庞大，每年生产超过 22 680 吨药物，光是农业用量就占了 40%。抗生素常混于饲料中喂养牛、猪和家禽以加速生长。此外，抗生素还被拿来喷洒果树以预防感染。许多论文都探究目前有多少抗药性从食物转移到人类身上，这类文献车载斗量，若全部叠成一摞，恐怕要堆到月亮上了。

在美国之外的许多国家，买卖抗生素并不需要处方。这么一来，便引发了一连串过量使用、剂量不足、没有对症使用、使用过期抗生素等问题，药剂还可能掺杂未受控管的物质。

抗生素依化学结构分为不同等级，不过更重要的是要先认识病毒和细菌，知道该选择哪一种抗生素杀死它们。表 6-2 列出的化学品名都是药店采用的商品名称，使用前务必阅读药物包装盒内的说明或药剂师提供的说明书。

主要的耐药病菌为抗甲氧西林金黄色葡萄球菌、抗万古霉素肠球菌、

表 6-2　如今最常开立的处方抗生素为广谱类型

抗生素种类	杀灭种类
青霉素(G 类或 V 类)	革兰氏阳性菌群
苯唑西林	青霉素耐药菌群
氨苄西林	属于广谱抗生素,能杀死革兰氏阳性和阴性菌群
阿莫西林	属于广谱抗生素,能杀灭多种致病菌
头孢菌素	革兰氏阳性菌群
枯草菌素	局部施用,对付革兰氏阳性菌群
万古霉素	革兰氏阳性菌群
氯霉素	属于广谱抗生素
链霉素	属于广谱抗生素,包括分枝杆菌(结核有机体)
新霉素	属于广谱抗生素,局部施用
庆大霉素	属于广谱抗生素
四环素	属于广谱抗生素,包括抗衣原体
利福平	分枝杆菌
环丙沙星	属于广谱抗生素,对抗尿道感染

多重抗生素耐药型大肠杆菌、青霉素耐药肺炎链球菌,还有多重耐药结核菌。有一种新兴结核菌株"广泛耐药结核菌",这种微生物带有剧毒,南非的HIV 阳性患者,便深受这种菌株危害。该国近百分之百的 HIV 阳性患者和艾滋病患者死于肺结核,凶手便是广泛耐药结核菌。现今对于抗肺结核的第一线防卫措施,在面对这种毒株时完全失效,而且至少有两类第二代抗生素对它一样束手无策,目前已经在 30 个国家检验出广泛耐药结核菌。

　　某些非抗生素药物治疗也可能遭耐药微生物阻挠,例如对抗 HIV 的齐多夫定和对抗疱疹病毒的无环鸟苷两种药物。

真菌性疾病

真菌病类型

真菌感染性疾病称为**真菌病**。真菌感染和真菌性疾病似乎都被当成细菌性和病毒性疾病的贫寒表亲来处理。事实不然,真菌病是影响数百万人的慢性问题,有些真菌病很难诊治。多种真菌性皮肤感染都表现出类似综合征,若考虑到全世界已知真菌超过 10 万种,我们就不难了解正确诊断有多么困难。全科执业医师通常不擅长区辨各种皮疹的微妙差别,因为不相干菌种诱发的皮疹十分相像。皮肤学家确实具有这方面专长,不过他们是医学专家,许多医疗保险不足的民众恐怕不会去找他们咨询。再者,感染皮肤的真菌生长缓慢,因此真菌病人可能在病症发展一段时间之后才会找医生诊治。

真菌病按照真菌侵入深度来分类,最浅的只穿透外表皮并侵入深层皮肤,然后进入器官。表浅真菌病只侵染皮肤表层或毛发,头皮屑便属于表浅性症状。侵染皮肤的真菌病(皮肤真菌病)穿透皮肤外层或侵入毛干,"香港脚"和癣都是属于皮肤真菌病。皮下真菌病则侵染皮肤和皮下部位,影响结缔组织和骨头,例如孢子丝菌病引发的损坏。系统性真菌病指真菌随血流蔓延、感染各器官,这种疾病常会致命。诱发全身感染的真菌包括组织胞浆菌(*Histoplasma*)、镰孢菌、芽生菌(*Blastomyces*)和球孢子菌等。

足癣和股癣是一般人最熟悉的真菌病,两种都归入皮肤真菌病,不过普通人多半分别称之为"香港脚"和"骑师癣"。市售药物通常只能处理症状,不能真正杀灭真菌。皮肤真菌病的一般症状包括瘙痒、肿大、皮疹、病损、脓疱,严重时还会导致外观变形。治疗皮肤真菌病的主要抗真菌药有:

两性霉素 B、酮康唑、咪康唑、萘替芬和灰黄霉素。托萘酯常用来治疗"香港脚"。

　　白色念珠菌感染含皮肤型和全身型两类，这种酵母具单细胞构造，和丝状真菌不同。(丝状真菌会制造细丝向外生长，细丝延伸覆盖表面，或伸入皮肤一类的带孔物质。) 念珠菌会引发口腔感染症鹅口疮和念珠菌型阴道炎。皮肤型念珠菌感染可以局部施用咪康唑或克霉唑药物来治疗。艾滋病患者一旦受到伺机型念珠菌侵染，会引发恶性感染，也可能诱发全身性致命感染。

霉菌毒素

　　真菌不见得都诱发相同综合征，因为它们的作用模式各不相同。皮癣菌是感染皮肤的真菌，举止就像寄生体，生长时会深入皮肤摄取养分。另外有些真菌会制造毒素，真菌制造的毒素都称为霉菌毒素，摄取霉菌毒素会引发严重消化不适，若毒素进入血流，就会引发神经性损伤。

　　植物病原体麦角菌(*Claviceps purpurea*)会制造麦角，这是一种强效迷幻剂。当黑麦、春小麦或大麦作物上长出麦角菌，采收的谷物便可能污染食物，结果就很危险。17 世纪初的塞勒姆(Salem)巫师审讯案，相信就是居民麦角中毒引发的悲惨后果。当时受害者出现定向障碍并且举止怪诞，很可能就是吃了受污染谷物诱发的毒性作用。隔了一两代，麦角便成为制造麦角酸二乙酰胺的原料。

　　黄曲霉素是曲菌制造的毒素，这类霉菌偶尔会污染食品，包括花生、玉米，还有巴西果、美洲山核桃、开心果和胡桃等木本坚果。黄曲霉素中毒和急性肝坏死、肝硬化及肝癌都有关系。

病原体是访客或固有住客

　　一旦病原微生物侵入人体,若不接受治疗,它会自行离开吗?多数感染原都会离开身体。不过 HIV 和疱疹病毒都是明显的例外,它们一旦造成感染就可能永远住下来。人们常常感到纳闷,地球上最致命的病毒都会杀死寄主,连带让自己也活不成,但是为什么病原体最终并未从人群中消失?这是由于感染原能够从尸体脱身。一般感冒病毒会感染黏膜,接着便随着喷嚏和鼻涕脱身,循此途径继续感染下一个人。除了以黏膜分泌物作为脱身路径之外,其他途径还包括伤口的脓液和分泌物、泌尿生殖器分泌物,以及⋯⋯剩下的你可以自己想到。

总结

    感染和社区感染学是建立在流沙上的一门科学。病原体随时间逐渐演化，也发展出抗药性，而且它们对所有医学发明几乎都能迅速反应，新的威胁随时都会出现，让医师措手不及。除了人体的先天免疫力之外，我们还有各种技术可以先期制止病菌蔓延，不让感染站稳脚跟。其中包括十分简单的方法，例如洗手，还有不乱触摸东西。化学物质及药物或许比肥皂和水更先进，不过这也许无关紧要，因为病原体已经展现高明本领，击落我们向它们投掷的武器只能算是牛刀小试。防病诀窍是领先一步，就算只是小小一步也好。

第七部分

新兴微生物的威胁

嘿，在他右侧，排起一长串队伍。

现在麦克已经回城了。

——贝托尔德·布莱希特(Bertholt Brecht)

和马克·布利茨坦(Marc Blitzstein)

人类行为是人群会不会出现感染，以及疾病散播速率有多快的最大决定因素。一旦感染原侵入社区，人们采取的措施将会影响它的进展，可以助长或迟滞感染传播。人们能够支配感染性疾病带来的后果，这个影响会超过病原体本身的毒力。

我们已经有好几次成功扑灭危险疾病的事例，不过目前仍有好几百种感染原不断折腾全球人类和动物。最令人气馁的莫过于一度认为已经扑灭的感染源如今又卷土重来。

对消灭疾病的挑战和疾病死灰复燃的威胁可以来自于一种广为人知的病毒、一种独特的菌株，以及一种人们所熟悉的菌株的独立增强的近亲。

人类和侵害人类的感染

地球上的病毒史是人类历史的一部分。病毒需要寄主细胞，各种病毒分别感染植物、细菌和动物的细胞，感染人类的病毒有时候也感染其他动物或昆虫。多年以来，为了解释哺乳类细胞和病毒的起源问题，引发了一场"鸡生蛋或蛋生鸡"式的热烈论战。细胞是否先经过病毒侵染，才发展出复制能力？或许曾有某种病毒留在一种原始细胞里，随着该种细胞演化，成为它的根本构造的一环。反过来讲，最早的细胞是否有片段核酸和蛋白质脱落，从而形成人们今天所见的病毒颗粒？遗传学家麦克林托克（Barbara Mc-Clintock）在 1951 年曾做了几项实验，测试 DNA 的基因片段是否能易位（或跳跃），转移到染色体的其他部位。她的理论饱受奚落，闲置几十年无人问津，直到基因科技萌芽（后来演变为今日的生物技术学），这才证明基因确实能在染色体上四处转移。这项发现是最后一个关键证据，确认病毒并不是借感染细胞才演化成形，而是带了几段关键跳跃基因脱离细胞而独立发展。病毒只需要感染更多细胞，利用各种细胞器来支持自己的复制功能，这样它们就能繁殖。这种跳跃基因称为转座子。1983 年，麦克林托克因此荣获诺贝尔生理学或医学奖，以褒扬她的发现。

一种已消灭的疾病

不论病毒如何演化，据信有一种病毒早在人类有历史记载之前就已经存在，那就是天花病毒。最早的天花感染证据是在埃及木乃伊上发现的，下葬年代推估是在公元前 1570 年到前 1085 年间，这群木乃伊脸上带有像是

"麻子"水疱的病损痕迹。染上天花病死的"名人"包括埃及国王拉美西斯五世,卒于公元前1157年,死时约35岁。天花在公元710年传至欧洲,接着在1518—1522年间传往西半球,导致阿兹特克帝国和印加帝国瓦解,不过这点仍有争议。当西班牙征服者抵达墨西哥时,那里还有2500万名原住民。疾病随着西班牙人传染给本土族群,当地战士纷纷病倒,原本他们可以击退许多入侵者,却由于身体虚弱,无力应付,勇士和统治者一个个阵亡丧命。一个世纪之后,原住民只剩160万人。历史学家一致认为,这一惨重死亡大半是由天花所造成。欧洲人移居北美洲后,这种悲惨命运也落在本土族群休伦人、易洛魁人和莫希干人身上。

尽管古雅典时代已经明白免疫作用的基本原理,但仍是在投入好几百年时间且历经尝试,才发展出有效诱发获得性免疫力的方法,让从没有接触过天花病毒的人也能抵抗这种疾病。获得性免疫力实验初期采用自我接种法,实验本身为取天花患者身上的脓或痂接种在健康的受试者身上。1717年,英国贵族蒙塔古(Mary Montagu)夫人采用"痘毒接种法"为她的孩子接种人痘,她的动机大概是出于弟弟死于天花,以及自己染上天花变成麻脸所致。几十年后,詹纳(Edward Jenner)医师使用牛痘,改良为后来所称的"接种"(vaccination,这个词的西班牙字源为 vaca,意思是牛)。

詹纳的突破成为促使美国和欧洲联手消灭天花的原动力,双方协力推动接种计划,消灭了"人类最恐怖的天灾"。从詹纳在18世纪晚期开始尝试,到20世纪大量生产供应疫苗,接受天花疫苗接种的人数越来越多,最后到人人都能接种。各国政府、卫生组织和各个地方性计划,成就恢弘使命,凝聚共识,构思对策,解决了全球健康威胁。1977年,索马里出现最后一起人与人直接接触的天花传染案例。到了1980年,世界卫生组织宣布地球上的天花病毒已经完全扑灭。

如今国际间对艾滋病疫情的反应,和跨国合作协力击败天花的成就相形逊色。自从20世纪80年代以来,艾滋病始终是对医学界的重大挑战,疫苗难寻,治疗也困难重重,政治的介入更是另一个棘手问题。全世界对艾滋病危机的反应,或许受到宗教和政治因素影响,几乎见不到国际合作,也谈不上协力制止、延缓 HIV 继续蔓延。许多地方的教育并不完备,某些地区或许想要隐瞒疾病统计资料,不然就是拒绝面对眼前危机,因此没有人知道那里究竟有多少新病例。就连"有学问的"西方国家也依然充斥令人气馁的误解和无知。倘若天花死灰复燃,跟艾滋病一样引发恐慌,我们恐怕就要面临一场无法想像的健康浩劫。

艾滋病现况速写

- 美国有 38% 的民众不知道艾滋病无药可医。
- 美国有 40 万人身染艾滋病。
- 美国境内患有艾滋病的人群中,43.1% 是黑人。
- 20 世纪 90 年代的新病例统计发现, 其中所有种族的男同性恋比例都降低了,而黑人、拉丁裔和女性患者的比例却提高了。
- 从 2000 年迄今,新病例数一度减少,但不久之后,经诊断确认的新病例又稳定攀升。
- 如今所有新病例当中,异性恋男女患者共占 35%,在过去 5 年间提高了 20%。
- 美国境内每年诊断确认 4 万起新病例。
- 全球每日新感染患者(估计)为 14 000 人。
- 过去 5 年间的新病例当中,不到 25 岁的患者占了半数。
- 2005 年,全球超过 4000 万人身染艾滋病或 HIV。
- 全球身染 HIV 的人群,约 63% 住在非洲撒哈拉以南地区。
- 非洲有 1500 万名艾滋病孤儿。
- 2006 年全球间死于艾滋病的人数估计为 260 万。
- 目前还没有艾滋病疫苗。

新兴疾病现身之后一段时间就可能改变全球的人口组成,艾滋病就是个实例。HIV 从猴子和黑猩猩身上跳跃到人类身上，改变了人口结构，这个跳跃据估计发生在 20 世纪 30 年代。跳跃现象进展缓慢，逐渐传遍非洲和欧洲人群。根据医学病例报告的薄弱证据，HIV 初期出现的情形大致如下：1959 年，刚果民主共和国一名成年男子身染 HIV；1969 年，美国一名青少年因 HIV 死于圣路易斯市；1976 年，挪威一位水手身染 HIV。

20 世纪 80 年代，艾滋病疫情暴发于西半球城市，死亡率在 1995 年达到顶峰。美国有抗逆转录病毒疗法可兹应用，因此新诊断出的病例数逐渐减少，然而以全球的统计数字来看，艾滋病已经酿成大流行。

死灰复燃的疾病

人们以为肺结核新病例数量已经抑制下来，然而疾病根本没有消灭，而且新病例数可能又要增加，因此我们把它界定为死灰复燃的疾病。自 1990 年以来，北美洲的肺结核感染率已经略有下降，但非洲的肺结核感染率却提高了 130%。就像天花一样，肺结核侵染人类也有很长的历史；在公元前 2400 年的木乃伊身上，便可以找到痨病（肺结核的另一种称法）的病理学迹象。有效对付肺结核的化学疗法发展迟缓，但 19 世纪的临床医师似乎已经明白打破感染传播环节的重要性。把关进疗养院当成送医"治疗"，这种行径令人不齿，不过把肺结核病人送进疗养院确实有用，能把患者和健康人隔离开来。将身染高传染性疾病的人放逐他方，是阻断传播途径最有效的做法。

到了 20 世纪 40 年代，新的特效药抗生素向结核杆菌发动攻势。然而，医师很快就注意到他们的治疗措施又像以往一样失灵了，抗生素耐药性突变逐日浮现。往后 20 年间，各种抗生素纷纷问世，用来对抗新的菌株。当药物丧失疗效时，医师开始混合使用各种抗生素继续治疗他们的肺结核病人。当时很少人认识到，药效减弱是菌株耐药性增长的征兆。尽管少数医师曾呼吁提高警觉，却由于美国的肺结核新病例在往后 30 年间逐日减少，大多数人也就跟着放下心中的大石头。

以全球的情况来看，肺结核感染率在过去 10 年间的年均增长率还不到 1%。从这个缓慢增长现象或许能推断肺结核不会带来危机，但不幸的是这种疾病在许多国家始终都是祸患，而且可能还会慢慢趋于严重。世界卫生组织估计，全球人口受感染比例高达 1/3，每年有 200 万—300 万人死于肺结核。

如今，医师混合使用 4 种抗生素来消灭肺部的结核菌。他们祈求上苍保佑，期望采用这种处理方式可以压低意外造就耐药新菌株的概率。就算没有染上耐药微生物的风险，不至于因此干扰患者复原，肺结核治疗也终非易事。肺结核化学疗法必须施行好几个月，倘若患者在整个处方疗程中没有遵照医生指示配合进行，耐药性滋长风险就可能提高。就算治疗完善，依然很难击败寄生肺部的结核杆菌。再者，只需要两三个细胞，疾病就可能复发。肺结核卷土重来的原因很难讨论清楚，北美洲的移民现象和人口组成变动都会影响疾病模式，而且预期在往后 5 年间，肺结核还会在美国重新出现，到时就会构成重大的卫生隐忧。对抗肺结核和消灭天花的情况不同，积极措施姗姗来迟，制止肺结核蔓延全球的行动始终进展缓慢。

肺结核死灰复燃的主要理由如下：

● **各国经济状况**　最高发病率都出现在国民总生产总值最低的地区。目前拥有的疗法都需要长期实施而且所费不赀，很难妥善监控，在发展中国家更是如此。

● **HIV 感染**　肺结核是与 HIV 有关的机会致病性疾病。世界卫生组织估计，每 10 个 HIV 阳性人士，就有一人染上肺结核。HIV 的全球感染率与日俱增，促使肺结核感染更加普遍。

● **多重耐药性**　就目前来讲，只能够抵抗一两种抗生素疗法的耐药菌株数量或许还超过易感菌株。治疗时可采用异烟肼、利福平、吡嗪酰胺和乙胺丁醇 4 药并用。这项方案深获推崇，期望能以这个谋略压倒耐药菌株，但是只要患者没有坚持到底完成疗程，就等于是开启一道复发窗口，想要治愈,恐怕得再投入两年时间。

• **移民** 来自高肺结核发病率国家的移民,助长疾病回到原本已经"安全"的国家。在美国境内,接近半数的新病例是移民。在移民人数众多的地区,肺结核监控有可能更为繁复,更何况那里还可能有文化和语言障碍。

• **自满心态** 当新病例增加率开始减缓或下降,公共卫生界就可能认为疾病再也不会威胁一般大众。接下来,研究和教育也不再那么受重视了。

• **城市化** 历来有关人类和感染性疾病关系的研究,都一再论述民众移居都市的课题。如今,肺结核威胁最严重地区,例如监狱、长期保健看护机构、养老院和流民收容所等,都有人群拥挤、人际接触频繁的现象。由于城市化程度加深,感染性疾病也更有机会逐一侵染各个族群。

1900 年有 15% 的人口住在城市,到了 1950 年,已经增长为 30%。如今,全球约有半数人口住在城市,估计在 25 年间,这个数字就会高达 65%,相当于 52 亿人口。结核杆菌的前景一天天越加"光明"。

新兴疾病

新兴疾病指我们原先一无所知,等其侵入某个人群才发现的疾病(如 20 世纪 70 年代 HIV 侵袭美国的情况),也指称就先前了解,其感染原只出现在动物身上的疾病(表 7–1)。

由细菌、病毒、真菌和原虫诱发的新型感染症清单越来越长。城镇、社区渐渐侵入昔日未开发土地,这种情况对新的病原体十分有利,让它们更有机会从动物身上跳跃侵染人类。再者,微生物鉴定技术也越来越准确。全球变暖影响昆虫和动物的数量,而它们正是携带病原体的媒介和寄主,这对疾病也将造成影响。

有一种著名微生物,它似乎总有办法不断推出新花招,那就是大肠杆菌。几十年来,大肠杆菌一直在实验室中扮演微生物实验的合作伙伴。一段时日后,新的血清型出现了,微生物学家也开始根据它们引发的疾病类型

表 7-1　流行世界各地的新兴疾病

新兴感染性疾病	死灰复燃的感染性疾病
• 西尼罗河病毒(西尼罗河脑炎) • 尼帕病毒(Nipah virus,脑炎) • 亨德拉病毒(Hendra virus,脑炎样综合征) • 朊毒体(克罗伊茨费尔特-雅各布症) • 大肠杆菌,O157 型,O124 亚型(食源性疾病) • 霍乱弧菌 O139(霍乱) • 戊型肝炎病毒(肝炎)	• 耐药及广泛耐药型结核菌(结核病) • 金黄色葡萄球菌(各类感染) • 肺炎链球菌(抗生素耐药性肺炎) • 白喉杆菌(白喉) • 登革热病毒(登革热) • 黄热病病毒(黄热病) • 鼠疫杆菌(淋巴腺鼠疫) • 流感病毒每年都再次出现

来区分大肠杆菌类群。1982 年发现了血清型为 O157:H7 的大肠杆菌, 鉴识确认这就是几次食源性疫情的祸首。这种大肠杆菌在 1993 年再度肆虐,疫情十分骇人,在美国西部各州感染 700 多人,还造成 4 名儿童因严重肾衰竭致死。

最近 O157 型又出现了一种新的类别——EXHX01.O124 亚型, 简称 O124 亚型, 更彰显大肠杆菌繁复多端的捣蛋本领。这个大肠杆菌品种和 O157 型有个共通点,即借细胞释放出的神经毒素危害寄主。尽管自 1998 年起,CDC 已经查出 O124 亚型曾经引发少数食源性病例,但在 2006 年秋天,这个亚型依旧酿出重大新闻,在美国 26 个州传出疫情,连加拿大都出现一个病例。科学家对这次暴发进行溯源,发现病原体可能出自加州一处商业型农场所栽植的菠菜。当年稍后又出现一次疫情,此次暴发则和加州栽种的葱有关,病例分布于新泽西州和纽约州长岛。

当新的病原体出现,如 O124 亚型,公共卫生当局掌握的线索极少,没什么信息可供担心的民众参考,必须花上好几个月的时间才能断定某种病株是沿哪条路径侵入食品配销网络。几年前,半熟汉堡包数度引发疫情,当时已经溯源确认疫情和 O157 菌株脱不了关系,但民众直到最后才终于领悟半熟汉堡包并不安全。

然而，O124亚型却向消费者投出一个弧线球，因为众人大多认定，鲜果和蔬菜是平日膳食中最安全、最健康的品种。回顾以往大肠杆菌引发疫情的细节，或许蔬果栽植业者根本不该如此大意，让O124亚型趁机发作。1996年，一家果汁制造厂的产品受到O157型大肠杆菌污染，该批果汁后来销往美国西部各州和加拿大。当时至少70人患病，出现肠胃症状，其中病情最严重的都是儿童，病童中一名科罗拉多州女孩还因此丧命。公共卫生单位的微生物学家出动调查，循线追出一批受O157型污染的苹果被制成果汁，而且未经消毒便上市了。

像O157型大肠杆菌这类肠道微生物，怎么会沾染长在树上的苹果？还有，为什么后来会暴发疫情？而且O157的O124亚型是如何污染了新鲜菠菜、葱和其他的嫌疑蔬菜？现在已经知道，所有大肠杆菌都来自动物肠道，它们是在肉品加工期间四处传播，染上动物尸骸的。家牛、羊和其他动物，都是田间蔬菜作物的大肠杆菌污染源头。饲育场的污水排流、蔬菜园间歇被饲养场园区的排放水淹没，加上粪便堆肥，甚至还有路过田地的野生动物，这些情况都可能造成污染。用来制造果汁并带来污染的苹果并不是从枝头直接采收，而是已经跌落地面的果实，因此受粪便污染的概率便大幅提高。

疾病为何出现，为何再次出现

感染型微生物之所以出现或再次出现，通常是由于若干稳定模式出现变化所致。越来越多的国家采用集中加工方式来处理食品。比起几十年前，加工食品的配销地区也更辽阔了。食品供应经济体系的效率高度提升，于是食源型病原体的散播效率也跟着提高。"健康精选"食品对果汁疫情暴发也负有部分责任，人们想要购买"较健康的"食品，厂商自然要符合消费者的期望，或许这便助长了不经过巴氏消毒法的食品理念。那家果汁制造厂取消了一项食品加工的安全程序，却造就出更危险的情况，还把"准"病原体带进这个世界。1996年，O157型大肠杆菌还被界定为一种新兴病原体，但如今已经被证实为危害健康的污染物，O124亚型也可能步O157型的后尘。

新兴疾病不只让医师和微生物学家感到挫败，还让受感染人群心惊肉跳，惶然不知如何自保。群众要求卫生专业和政治家提出办法，然而除非微生物学家了解病原体传播方式和毒力等详情，否则他们也没有答案。

有一批微生物学家专门投入对新兴、再现的疾病的研究，有些人则专精一种疾病。总体而言，近来的新兴型或再现型病原体，通常都是很容易在人际间传播的病毒，其中新兴型病原体多半出现在人口经历变迁(移民、老化)或生态改变(在未开发地区从事营建工程)的地区。

病原体要危害整个人群有几项要件；它们必须找到众多容易受感染的寄主，毒力要够强，而且还要碰上感染良机。一旦新的病原体展开无情行动，挥军闯入我们的生活，往昔它们还没有名字的时代恐怕就要从我们的记忆中彻底清除了。一度看似生疏、无害的罕见病原体，如今已成为我们生活中的微生物。

耀武扬威的病菌

新兴感染性疾病之所以现身，或老疾病得以卷土重来，其中一项原因是例行生活常态出现变化。改变习惯和改变规律生活可能为感染原带来一线机会。当我们改变日常作息，可能出现两种引诱感染上门的情况：(1)习惯改变让自己来到新病原体附近；(2)提高自己遭受感染成为寄主的倾向。

"压力"并不是医学正规术语。1936 年，出生于奥匈帝国的生理学家谢耶(Hans Selye)创造出"压力"一词，从此在医学界流传。他将压力定义为"身体对任何改变需求所产生的非特定反应"。凡是用上"非特定"字眼的定义，全都要引人详加审视。不久之后，科学界各学科专家开始为"压力"的意义吵嚷不休。谢耶明白这其中难处，最后发明"压力因子"一词来区别造成不适的东西和不适本身之差异(由于这项成就，谢耶被冠上了一个语意暧昧的"压力之父"称号)。

现在大家都明白压力是什么，不过恐怕并不知道该如何描述。有许多日常用语都和压力扯上关系，如神经紧张、疲惫不堪、兴奋激昂、泄气、冷静一下、先别吵了等，有些杂志还刊出"十大压力因子"的文章。其实医学界本身并未把人类和其他动物的压力因子找全。考虑到这点，这些相关文章就很引人质疑，文章中列出的因子是否已经经过临床证实。倒是心理学家拟出了长串清单，列出主要的社会压力因子，同时健康风险分析家也发现其中若干项目和感染发生概率确实有关。信不信由你，"度假"是其中一项压力因子呢。

度假和休闲活动让感染症找到新的入侵渠道。放假外出旅行时，你有可能睡眠不足，营养不良，让免疫系统感到压力。而在旅程途中和度假地区都可能和大群人接触，病菌很容易在邮轮、游乐园、航空站和街头庆典活动等地蔓延。大多数人在度假时卫生习惯也跟着休假，卫生习惯一松懈，寄主的受感染倾向也同时提高，病原体的感染机会来了，结果就造成度假中凄惨的一天。

海洋

许多人都把到海滩列为度假的第一选择。海洋和湖泊中的微生物构成一个迷人生态，这或许是环境微生物学最奇妙的一环。休闲水域（海洋、湾区、湖泊和河川等）含有各种细菌、原虫、藻类（包括硅藻）和微型寄生体，其他还有数不胜数的类群。你大概能猜得到，其中有些正是病原体。

许多人认为含盐海水能杀死病菌，其实不然。估计在 1 升海水当中，至少含有 20 000 种细菌。游泳时喝下的一口海水，里面约含有 1000 种细菌，1毫升海水可含 10 万多个微生物细胞。

海水含有 3.5% 盐分，这个浓度对多数微生物并无害。海洋能承接人类文明废弃物并自行恢复生机。于是长久以来，人类社会漫不经心，误以为海洋可以永远收纳我们排放的废物。现在，科学家全体呼吁，人类不能再把海洋当成马桶。

每个人每天约制造出 0.2—0.9 千克尿液和粪便，现今全世界有 65 亿人口，其中多数住在靠海地区和主要分支流域附近。地表溢流和下水道溢出的污水携带排泄物沿水道下行流往开放水域。还有不要忘了，家禽家畜和野生动物也排出大量粪便，由农庄和林地溢出，流往河川、湾区和海洋。坏细菌迟早会在好地方现身。

一般，人们会定期检测滩岸水域大肠杆菌和肠球菌含量，这两类细菌都属于栖居肠道的球菌类。动物所排放的致病微生物在自然界含量多半很低，因此进行检测得花很多钱。大肠杆菌和肠球菌的行为和那批伺机肆虐的病原体雷同，因此水质微生物学家把它们的含量当成一项指标，来鉴定人类、动物或鸟类粪便的潜在污染情况。因此，大肠杆菌和肠球菌被称为**指**

标菌。海滩水域出现指标菌实际上是一种迹象,显示海水可能受了污染并含有病原体。EPA 设定的海滩含菌量上限为,每百毫升(100 克)海水不得超过 35 个肠球菌。

若沙滩上铺设排水管,排放邻近街区和庭院溢流污水,则管道附近地区的微生物含量便较高。此外,适合亲子同乐的沙滩因为风平浪静,水也较浅,往往筑有防波堤屏障,因此微生物含量也可能较高。没有汹涌浪涛的宁静沙滩,海浪和缓,搅不起多少海砂和微粒,这些颗粒往往粘有许多细菌,所以污染便集中在这个局部地区。微生物数量在晚春初夏和晚秋初冬时期最多,浮游植物数量也在这段期间达到高峰,由此推断,这是所有海洋生物最活跃的时期。

河川流量增加和大雨都会稀释海洋盐度(含盐量),若水温适宜,加上养分充足,红藻(一种浮游生物)就会迅速生长,构成庞大族群。红藻大量繁殖的现象称为藻华,藻类在含盐量较低,利于生长的浅层水中漂浮,吸收阳光,密集滋长,把海水染红,这种现象则称为**赤潮**。赤潮会使沙滩海水发臭,变得黏滑。红藻还会制造一种神经毒素,严重刺激眼睛、皮肤,还可能引起发烧和呕吐。人类吃下摄食红藻的海鲜就会生病,鱼类也很容易受到这种毒素感染。近年来,世界各地的各类藻华已经造成大批鱼类集体死亡,构成所谓的鱼灾死亡事件。

藻华是由多种藻类共同形成,因此"有害藻华"一词逐渐取代"赤潮"。其他藻类也会制造神经毒素,包括涡鞭毛藻类的多种单细胞浮游生物。硅藻类制造的毒素称为软骨藻酸,壳菜蛤含有大量软骨藻酸,可造成鱼灾和海洋哺乳动物死亡。人类吃下受污染的甲壳类(可能还包括虾、蟹)会引发软骨藻酸中毒,这种案例经常出现。

赤潮是环境周期变迁引发的自然反应。人类几百年前就认识这种现象,《圣经》中提到:"所有尼罗河中的水都变成了血;河中的鱼都死了,河水都腥臭不堪。"(《出埃及记》7 章 20—21 节)。现代工业区和农耕地污物排放也助长藻华滋长,这些废物都含有丰富的有机化合物,好比下水道污水、工业废弃物,还有农务作业排出的无机、有机肥料。一旦藻华滋长到相当程度,附近水中所含氧分都被藻类耗光,这时海洋生物将窒息而死。

船员也可能为海水浴场邻近水域带来更多食物和粪便污染。EPA 在各游乐区附近划定禁止排放区,禁止下水道排流和堆卸垃圾。但问题在于法规执行上的困难,就像其他环保规章,实施效果也得视船员、长途步行者和露营人士的配合程度而定。

从指标菌可以局部得知浴场水中的微生物情况,但指标菌无法预测贾第鞭毛虫和隐孢子虫的含量,这两类原虫含量在城市污物排放口附近都很高。指标菌含量也不代表病毒含量,大城市附近的海滩水样含有许多病毒,含量可达每毫升百万个。历来发生过多起原因不详,只知道和水有关的疫情,这些应该都是病毒惹的祸。休闲水域的病毒有些会危害健康,这类病毒集群或病毒类群为:甲型和戊型肝炎病毒、环状病毒(calicivirus)、轮状病毒、腺病毒、诺沃克病毒和星状病毒(astrovirus)。甲型和戊型肝炎病毒常见于所有水域,而且让公共卫生不良,内陆、海洋水体持续遭受污染的国家穷于应付。

泅水耳病(急性外耳炎)是耳道受了海水或淡水刺激,所导致的继发型细菌感染症。耳垢是耳道的有形屏障,可以降低 pH,使 pH 约等于 5,这可以抑制某些非原生菌群生长。经常游泳可能破坏了耳垢层,使皮肤屏障缺损,pH 也提高到 7。接着,耳中的常态革兰氏阳性葡萄球菌便遭受革兰氏阴性菌群侵扰,其中尤以假单胞菌群为害最烈。外耳炎病例也可以检测出曲霉菌和念珠酵母。接下来这些机会致病型微生物便引起炎症,从而为环境带来湿气和丰富养分,更进一步促进微生物成长。

游泳后切忌搔抓发痒部位,以手指搔痒或用棉花棒等器物用力搔痒只会让问题恶化。局部涂敷抗生素通常都能有效减少假单胞菌菌数,对付泅水耳病常见的变形杆菌和葡萄球菌群也很有效。抗生素多黏菌素是对付假单胞菌的良药;新霉素能对付变形杆菌和葡萄球菌类;制霉菌素能对付念珠菌群。经常游泳的人可以佩戴耳塞或使用点耳液剂来维持低 pH,这样就可以预防外耳炎。白醋加上 70%外用乙醇,你也可以自行调配耳液剂。

湖泊、溪流等淡水水域

湖泊、池塘、河川和溪流都是避暑胜地,也是享受户外生活的好去处。遗憾的是,这些地方也来插一脚,帮助水传染型微生物为恶。淡水感染原的类型有时比咸水中的类别更多,各种淡水水域的病原体能引发各式感染症,波及皮肤、眼睛、尿道、呼吸系统和中枢神经系统。淡水表层水是承接雨后地上溢流的第一处积蓄站,未经处理的地下水,例如受污染的井水,也是病原体的源头。举个极端的例子,当公共建设缺损,输往污水处理厂的污水便可能中途溢出,流入湖泊、溪河。

水传染型微生物能够运用各种途径侵入人体,包括呼吸吸入、穿过健全皮肤或受损皮肤,或者由呼吸道或消化道黏膜的衬里组织渗入。淡水感染概率有可能略高,因为人们在淡水中游泳会比在冰冷海水中多待几分钟,因为海中含盐,又必须耗费力气对抗波浪,因此逗留时段通常较短。当然这只是就一般情况推论,从事冲浪运动,以及浮潜、水肺潜水运动,都可能在海中持续好几分钟到好几小时。

在淡水中游泳和在海洋湾区游泳应遵守的准则相同,切莫以手触摸脸部,游泳后应淋浴,身上有伤口或自知有感染症时绝对不要游泳(防水绷带无法保护伤口预防感染)。

淡水也可能含有可见于咸水的各种病毒,再加上贾第鞭毛虫和隐孢子虫的孢囊、痢疾阿米巴原虫,还有沙门氏菌、假单胞菌、志贺氏菌、耶尔辛氏菌和弧菌等菌群。伤寒沙门氏菌是伤寒病原体,霍乱弧菌则会引发霍乱,这种疾病已经在全球死灰复燃。

假单胞菌群在咸水中很难生存,在淡水中则普遍可见。事实上假单胞菌属的种类构成饮水中的优势菌群,同时也是生物薄膜菌群的一员。这类微生物和以下几种感染症都有连带关系,所有症状都与接触淡水有关:皮肤炎、毛囊炎、泅水耳病、角膜炎、尿道感染和肺炎。

淡水中的假单胞菌等感染型微生物有可能是原生的,也可能是种污染物。淡水污染物很多,包括贾第鞭毛虫、沙门氏菌和甲型肝炎病毒。游泳时把水吞下会提高肠胃病症感染概率,若是皮肤、眼睛或肺部受了感染还去游泳,等于是为水传染型微生物大开方便之门,肯定会带来继发感染症。

EPA 规定淡水最高容许指标菌量,其中大肠杆菌为每百毫升 126 个,肠球菌为每百毫升 33 个。就淡水而言,将大肠杆菌作为粪便污染指标菌的

肝炎病毒

肝炎就是指肝脏发炎症,还可能引发黄疸。**甲型、戊型肝炎**和饮水受到污染有关,与休闲区污染水也有关联。这两种肝炎都借由口腔、粪便途径来传播,不过甲型肝炎病原体也可以借食品和性行为来传播,这就是全世界最普遍的病毒性肝炎病症。甲型肝炎病毒只需少数就足以造成感染,区区 10 个就够了。戊型肝炎比较少见,免疫反应也和甲型肝炎不同。所有肝炎多少都会引发以下综合征:发烧、心神不宁、恶心、食欲不振和腹部疼痛。

乙型肝炎感染率几乎可以比得上甲型肝炎,不过在水中找不到乙型肝炎病毒。乙型肝炎借血液传染,输血或性行为都是可能的传染途径。**丁型肝炎**可借性行为和血液传染。这型肝炎和其他肝炎的病毒都引发相同综合征,不过丁型肝炎只感染带乙型肝炎病毒的人。美国有超过 400 万人感染丙型肝炎,其中 80% 不知道自己受了感染。丙型肝炎有可能借性行为传播,不过多数借血液对血液途径传播。丙型肝炎是导致肝脏移植的首要起因。乙型、丙型和丁型肝炎都是慢性疾病。

目前还没有丙型肝炎疫苗,治疗效果可能只达 50%。甲型和乙型肝炎疫苗都能有效预防感染,至于丁型肝炎则可以借由乙型肝炎免疫接种来预防。

效果略佳;若是作为淡水和海水之共同污染指标,则采用肠球菌比较适合。

游泳池、热水浴缸和蒸汽室

温水、冒个不停的气泡,加上澡客带来的养分,构成细菌滋长的绝佳条件。按摩浴池、水疗浴场和热水浴缸的温度较高,还有强烈翻滚水流,可以想见其中的微生物含量超过游泳池许多。由于水量较少,使用人却较多,因此水疗浴场等地的水中便含有较多有机物质,而这也助长微生物滋生。

游泳池业主多半明白池水必须加氯消毒,因此游泳池监测情况往往优于人们自家的热水浴缸。游泳池的水温较低,也较少出现翻腾水流,因此微生物较不活跃。和常有湍急水流的池子相比,游泳池的氯含量比较稳定,效用也维持较久。基于这项理由,水疗浴场等场所的加氯消毒次数应该比游泳池稍微多一些。多数游泳池都把游离氯含量维持在 1—3 个百万分率(ppm),按摩浴池和热水浴缸应该维持在 1—5 个百万分率。加氯消毒的池水,pH 全都必须维持在 7.2—7.6 之间,若 pH 低于这个范围,氯就带有腐蚀性,若数值过高,氯的消毒效能就大幅锐减。

多数热水浴缸都把温度设在 37.7 ℃ 上下,从不超过 40 ℃,这正是细菌感染的最佳温度范围。细菌和病毒都能够耐受短暂突发高热,而且这种温度远超过人类皮肤的安全耐温上限。就以借水传染的甲型和戊型肝炎病毒为例,要杀死它们必须把水煮沸 1 分钟。

水疗场所的环境适于假单胞菌和水中常见微生物形成生物薄膜。由于大量微生物在生物薄膜中累积,若热水浴缸或按摩浴池四壁长了生物薄膜,那么水疗池水所含微生物量便要大幅增加,因为生物薄膜对加氯消毒法的抵抗力非常强。

温水休闲浴场必须时时严格监控水中的氯含量和 pH。人们使用热水浴缸和蒸汽室,目的就是来享受那种温热,而皮肤毛孔在温热环境中会扩张,更利于微生物入侵,于是假单胞菌或粪生微生物等便得以侵染更深层皮肤。假单胞菌感染性毛囊炎和皮肤炎都有详尽记载可查,还有一种较严重的病症称为"脚热病"。这种脚跟擦伤症状和踩踏粗糙池底有关,这是微生物进入深层皮肤引发的症状,患者脚跟病损,并出现微脓疡引发疼痛。

使用蒸汽室时,可以躲开身边四处游荡的千奇百怪菌群,不过蒸汽室的环境依旧很潮湿,而且有众多陌生人频繁使用,室内各表面不断有人碰触,而且使用者并没有穿着衣物,这些因素助长细菌和酵母菌在人群间传播。坐下时必须使用浴巾,千万不要直接坐在长凳上,而且应该穿着拖鞋。在寄物柜间也要穿拖鞋,淋浴时也别光脚。

美国各州都制定了卫生法规,出台了公共泳池和休闲戏水区使用守则。这套法规包括设施受粪便污染时,业者应采取措施。各州卫生法则都可以上线查询,也可以向美国国家游泳池基金会洽询。

体育馆和健身俱乐部

体育馆的防微生物准则和普适于其他场合应实行的常识做法有些是相同的。运动场有许多利于病菌传播的情况,而健身俱乐部则有许多传播疾病的媒介(设备、毛巾、长凳等):流汗、潮气、许多生人共享相同表面、擦碰受伤的概率很高,还有各种狭窄空间,如淋浴间、按摩浴池、蒸汽室和桑拿区等。汗水本身并不含微生物,不过物品沾上汗水便含有湿气,病菌很容易借此四处传播。汗水含有蛋白质和盐分,可以滋养细菌,也助长它们在无生命物品上存活较长时间。若是病原体数量达到微生物感染剂量,那么体育馆就可能变成媒介物传染病的蔓延场所。

体育馆最大的问题大概就是使用者的分心旁骛,多数人奋力健身的时候都不会想到卫生问题。这样一来,体育馆就像是厨房或办公室,一旦忽视良好卫生习惯,保证会染上别人身上的病菌。

体育馆微生物学研究已经检测出多种常见微生物:包括在所有设备上都可以找到的葡萄球菌、链球菌和革兰氏阴性菌等;几乎无处不在的大肠

杆菌和其他粪生有机体；设备座椅上有念珠酵母；淋浴间和寄物柜间有"香港脚"真菌。越来越多的人在健身俱乐部染上**超级葡萄球菌**（抗甲氧西林金黄色葡萄球菌），由于这类体育馆型"超级病菌"的侵染场合和它经常肆虐的医院并无关联，因此有时也称为社区感染型抗甲氧西林金黄色葡萄球菌。就目前所知，抗甲氧西林金黄色葡萄球菌能够抵抗 15—20 种抗生素。英国在 2005 年完成一项研究，发现至少有 100 名男女在体育馆和健身俱乐部染上病菌。

英格兰和威尔士卫生官员追溯过去 20 年间，因染上抗甲氧西林金黄色葡萄球菌致死的病例，根据他们的记录，1993 年约有 400 名死者都是因为染上普通金黄色葡萄球菌（而非抗甲氧西林金黄色葡萄球菌）而死。到了 1999 年，当年 1000 名死者当中，有 50%死于抗甲氧西林金黄色葡萄球菌感染。到了 2004 年，在 1700 名死者中，超过 70%死于抗甲氧西林金黄色葡萄球菌感染，不到 30%死于普通金黄色葡萄球菌。

抗甲氧西林金黄色葡萄球菌感染症状互异，从局部皮肤感染到败血病和休克都有。这类感染和其他感染同样对老人、住院病人或免疫缺损患者危害最烈，这些族群患染重症和致死风险最高。

关于体育馆病菌，有个好消息是这些病菌全都是人类体表常见菌种。不过也有个坏消息，由于许多人士频繁接触体育馆各表面，加上彼此靠得很近，因此感染型病原体更有机会四处蔓延。体育馆和其他拥挤场合没有两样，为维护自己的卫生安全，每次前往运动俱乐部都必须额外谨慎。特别是在感冒和流感季节期间，或者相邻跑步机的人有生病迹象时，都更需谨慎防范。常见的感冒征兆为咳嗽、流鼻涕、打喷嚏、带痰剧烈咳嗽或严重鼻塞。运动时同样要注意，别用手碰触眼、耳或口部。

记得遵循以下防护准则来预防体育馆病菌传染：

● 运动前后都应该洗手。

● 运动器材使用前后都必须用体育馆供应的喷剂或擦拭巾来消毒。若体育馆没有擦拭巾，要求他们提供。

● 携带自己的毛巾,不要用毛巾擦拭器材,毛巾只可用来擦汗。

● 只用双手触摸器材, 避免以身体其他部位直接碰触器材的任何部分。寄物柜间的长凳、桑拿、蒸汽室和运动设备座椅,都必须先用毛巾垫好才坐下。别忘了穿拖鞋。

● 体育馆器材上也有许多要留心的地方:器材的座椅和握把、长凳、瑜伽垫、体操和摔跤用垫、加重铁片和药球、杠铃片和哑铃、健身球、球拍握把、篮球、跳绳握把,还有阻力带。

● 使用体育馆洗手间时要同样小心,并实行所有预防措施。

● 毛巾绝对不可重复使用,用后立刻清洗,或摆进家中待洗衣物篮中,下次到体育馆时,记得带一条干净的毛巾。

● 把健身房当成餐厅,加入会员之前先要求参观,查看建筑有没有卫生不良迹象,包括:通风不良或完全密闭、通风管积尘或带有污物、地板和角落有灰尘和泥巴、浴室保养不良、照明灯光昏暗、员工制服邋遢或污秽等。

一栋体育馆建筑能挤进许多人,也让病菌得以同时利用许多途径传染人群,从事户外活动就不必担心这种现象。不过从事户外体育活动和团队竞技运动的时候,比平时容易擦碰受伤、撞松牙齿,甚至伤及眼、耳、鼻部位。不论室内户外,体育活动传染形态都包括人与人直接接触、借共享器材间接传染,还有借喷嚏、咳嗽或因使劲运动喘息呼出的飞沫间接传染(图7-1),所有现象都常见于运动过程,从事和缓活动时较少出现。

邮轮和旅馆

在豪华客轮和旅馆中,让人一次密集接触到容易传染病菌的场所包括沙滩、游泳池、水疗池和健身房等。邮轮和旅馆有许多半封闭空间,里面挤了许多人,而且大家共享同一批物品和表面。在一两周内,船员和房客都只能使用同样几家餐厅和相同水源。我们经常可以看见媒体大量报道,某艘

图 7-1 这些人都明白运动时有可能受到病菌传染（1918 年流感大流行期间）。
（著作权单位：CORBIS）

邮轮暴发高传染性疾病和食源型病原体感染症。邮轮航程固定，一旦暴发疫情，要溯源查出起因会比较容易。尽管邮轮旅游的公共印象不佳，病原体在这样的环境中也有优良的生存条件，得以在船上传播，但事实上多数航线都无感染之虞。

乘船或住旅馆都必须特别注意一种细菌——嗜肺性军团菌。这种细菌在 1976 年得名。当年在费城一家旅馆举办了一场美国退伍军人大会，与会群众纷纷染上肺炎，检测发现病原体就是这种细菌。当时共有 182 人受到感染，其中 29 人死亡。嗜肺性军团菌声名大噪，一种新兴疾病出现了：退伍军人症。从此以后，研讨会、旅馆和邮轮这类有疫情顾虑的场合，便纷纷采用各种新式鉴别法来检测军团菌。

嗜肺性军团菌主要以含水飞沫或液体蒸汽来传播，吸入肺中便可能引发感染。老年瘾君子是染患退伍军人症的最高危险群。空调机具和冷却水塔都有连带关系,不过就目前所知,增湿器和按摩浴池等含水设备散发的蒸汽才是嗜肺性军团菌的主要传播机制。还有极少数病例是吸入水汽才染上病原体的,受污染水的来源包括温泉、装饰喷泉和含水的牙科器材。

现在的嗜肺性军团菌监控措施有助于抑制疫情。改用铜质水管能抑制微生物生长,一般的聚氯乙烯塑料管内壁很容易黏附、滋长细菌。热水系统若维持在 54.4 ℃以上,也能抑制军团菌滋生。此外,水处理专家还建议,非饮用水设施和输运装置都可以用特定化学物质来处理,施用这类生物杀灭剂可以预防微生物滋生。氯、二氧化氯、臭氧和二溴氮基丙酰胺粉末,都是去除非饮用水所含嗜肺性军团菌的最有效药剂。

邮轮上暴发食源性疾病的原因和餐厅疫情起因相同。食品处理规则和良好个人卫生习惯,到了船上一样也得遵行。目前并没有证据显示,船上或旅馆的疫情暴发频率高于其他食品预备设施的。

许多定期邮轮船队或个别邮轮都纳入船舶卫生计划,接受 CDC 检查。这项计划是为因应昔日一次船上暴发皮疹流行,在 20 世纪 70 年代开始实施。船舶卫生计划官员进行环境卫生检查、疾病监控,并检视新船只建造蓝图,提供船员卫生训练。他们检查的项目包括给水系统、水疗池和游泳池、食品预备方法、员工卫生实践,以及全船清洁状况。自愿接受船舶卫生计划检查的个别船只和航线船队经检视后都可以得到点数。读者可以登陆 CDC 网站,在船舶卫生计划网页上搜寻检视各船只的受检结果。

总结

　　预防病菌没有假期，良好卫生习惯加上认识身边的微生物可以帮助你预防感染，以免愉快假日变成噩梦一场。尽管从发现抗甲氧西林金黄色葡萄球菌到现在已经过了几十年，感染病例至今却有增加趋势；这是种新兴病原体。民众行为和人口组成出现变化都是造就新兴疾病，导致疾病再现的条件和理由。新兴微生物和我们的日常生活看似距离遥远，也不会带来威胁，然而如今所知的病原体在往昔也全都是料想不到的新威胁。认识病菌散播和防范感染基本原理可以把新发现的微生物阻挡在人类社群之外，防止有害微生物进入你的生活中。

第八部分

它们是未开发的资源

只要通盘考虑这些数据，恐怕就不会有人对微生物的代谢现象等闲视之，肯定会对那种千变万化的模式大感赞叹。

——艾伯特·克鲁维尔
（Albert Kluyver）

看完前一部分，现在你应该比较容易看出家中有哪些微生物和抗微生物方法。食品和水是微生物的两大主要入侵窗口，不论是无害或具有潜在危害的类群都由此进入家中。不过，许多食品都含有各式各样的化学添加剂，可以对抗微生物污染。另有些食品则运用天然特性来防范微生物造成腐败。现在，你也学会了几种方法来降低摄取食品病原体的风险。多数家庭会在厨房洗涤槽下和医药柜中放置几种抗微生物产品，用来防范微生物的入侵。

好微生物到处都有，而且和病原体相比，数量甚至高出好几千倍。地表有好几百万种已知和未知的微生物，病原体种数只占其中极微小的比例。病原体类群当中，致病型细菌约有 540 种、真菌约为 320 种、病毒为 200 种左右，还有不到 60 种致

病型原生动物。就知名度来讲,多数沉默的好微生物确实都被病原体彻底
压倒。

在烹调餐点时,根本不可能完全排除微生物衍生制成的食品、饮料。微
生物的生化活动常会营造出特殊环境,让导致腐败的微生物或病原体难以
侵入滋长。我们的皮肤菌群构成一道防线,悄悄逐退日常有害菌,倘若不加
管束,这批有害菌就会让人生病。肠道中有几百万个细菌帮助消化食物,而
且它们的生物质也为人体提供蛋白质和维生素。若有某种原生型微生物趁
机开始侵染,免疫系统便派出一批特化防卫细胞。这支部队合作无间,能摧
毁侵入血流的一切病原体或非病原体。

世界上没有完美系统,人们偶尔还是要受到感染,有时则出现严重情
况,这往往是忘了遵守良好卫生习惯才产生的后果。或许自己没有忘记良
好的卫生原则,但坐在身边的流感患者却忽视了好习惯。的确,我们往往只
能任凭无从掌控的外力支配。一旦遇上栖居家中或地区医院的耐药种类,
我们恐怕就无力自保了。倘若年纪很大,或饱受压力折腾,或免疫系统缺
损,那么风险还会更高。

人们身边永远存在着微生物风险,不过人们也时时受益于它们。现在,
你已经可以从微生物学家的眼界来看这个世界,仔细端详。其实,生活中的
微生物学还不止于此,随着生物学和技术进展日新月异,新一代微生物很
快就要造福人类。

隐匿家中的微生物

　　家中使用的微生物衍生制品,有些并不像一杯葡萄酒或一片奶酪那么容易指认。以黄原胶为例, 黄原胶是野油菜黄单胞杆菌(*Xanthomonas campestris*)制造的大型分子物质,可作为增稠添加剂,成品包括个人护理制品、罐装酱汁、瓶装色拉酱和冰激凌。黄原胶还可用来制造无小麦面包,这类产品在加工时并不添加谷蛋白(面筋),而是采用黄原胶来增大面包体积并提高黏性。农业界对黄单胞杆菌的感受和制造业不同,因为它是引发黑腐病的病原体,受害作物种类包括青花菜、抱子甘蓝、甘蓝、羽衣甘蓝和花椰菜。

　　隐形眼镜清洁液和阻塞不通的厨房水管有什么共通点吗?清洁隐形眼镜和疏通阻塞的制品都可能含有枯草杆菌蛋白酶。枯草杆菌蛋白酶最初发现于枯草杆菌(*Bacillus subtilis*)的衍生物中,在庭院每挖起一团土壤,里面都含有这种杆菌。如今制酶企业已经能驾驭枯草杆菌和其他微生物,大量生产这种酶并用于各种商业用途。枯草杆菌蛋白酶可用于衣物洗涤剂、除垢剂,还可制成碗盘洗洁片,发挥瓦解蛋白质的效能。把这种酶倒入阻塞的排水管,便可以分解肉、鱼、奶酪和蛋等多类蛋白质。水管疏通产品还含有其他由微生物衍生制造的酶, 这些酶可以化掉阻塞的脂肪和油质成分。此外还有些淀粉物料也具有消化功能。化粪池处理剂也含有枯草杆菌蛋白酶,以及其他能分解污水的酶。

　　毛发会阻塞浴室排水管,而且一旦塞住就几乎无法分解。人类毛发含有各种角蛋白成分,并以这类蛋白质形成强韧结构。毛发的角蛋白含量因种族而异,不过所有毛发都很能抵抗酶的分解作用。能分解毛发的微生物少之又少,就算有分解功能,也不能在几分钟之内就让浴室排水管恢复通畅。

衣橱装的东西大半是微生物反应的衍生物。皮革在做成鞋子或夹克之前,都先经过严密处理程序。首先去除皮面毛发和油质,接着鞣制软化皮质,随后便把皮革拉伸到所需厚度,最后才进行硝皮。皮革业使用石灰等强烈化学物质来处理生皮。不过,细菌和真菌衍生的酶已经逐渐取代部分化学药剂。除了芽孢杆菌制造的枯草杆菌蛋白酶之外,业界还采用其他微生物衍生制成的蛋白酶来处理皮革。这类微生物包括链霉菌与根霉菌(*Rhizopus*)两类菌群,还有曲霉菌与青霉菌两类霉菌。曲霉菌的解脂酶能分解脂肪和油质,也具皮革加工用途。

织品也需要经过酶处理。制造织品的线料都先涂上一层保护材料,织造时可以减少损坏。布织好后,在染色前还必须先清除这层涂料,这时便可以使用(由枯草杆菌和几类霉菌制造的)微生物淀粉酶来消化织品的淀粉成分。纤维素酶可以用来为织品抛光,意思是协助去除细小绒球。牛仔布石洗法也采用微生物衍生纤维素酶来加工。木霉(*Trichoderma*)是取得这类纤维素加工剂的优良来源。

高科技微生物

　　如今大批微生物资源蓄势待发,要在往后几年投入制造新产品,或改良现有制品。这里举一种真菌出芽短梗霉(*Aureobasidium pullulans*)为例,它能制造普鲁兰多醣,这种聚合物(由众多单醣等次级结构单位反复串接而成的大分子)深具潜能,将来或能用来制造可分解的食品包装材料。此外还有多类细菌也能分泌出聚合物, 包括假单胞菌、产碱菌和互营单胞菌(*Syntrophomonas*)等,这类聚合物也渐渐被拿来制造生物分解型塑料。

　　厂商还利用某些微生物的特长来制造产品,而那些特长并非所有微生物都具备。举例来说,衣物洗涤剂所含的酶必须能够在热水中发挥功能。因此,制造这类酶的微生物就是能在高温下滋长的类群。反过来讲,冷洗精所采用的酶就是取自习惯在冰寒环境中生活的菌群,好比栖居土壤和深水层一类寒冷地带,或冰块内部冷冻环境的菌类。

　　有些菌种能在罕见其他生物的环境中繁衍滋长。菌群在那种环境中拥有明显优势;竞争养分的其他生物少之又少,还可以栖身于其他生物完全无法滋长的区位。它们对人类的好处则是,我们得以运用这些特化菌群的本领。

极端微生物

极端微生物指拥有特殊性状，得以在罕有微生物、动植物能够耐受的极端情况或严苛环境下生存的细菌、真菌或藻类。近年来，环境微生物学家已经引进好几种极端微生物，在生物技术界发挥效用，并用来清除有害废物。

适极温菌

温度是界定环境的一项特征。每一种细菌都有偏爱的或最佳的温度范围，在这种温度下，它们的生物功能效率最高。我们体表的细菌和家庭菌群偏爱的温度正是人类觉得舒适的温度，这类细菌属于**嗜中温型微生物**。皮肤上的金黄色葡萄球菌，偏爱的生长温度为 15—50 ℃，不过在 63 ℃高温或 4 ℃低温时也都能存活。当温度在上述范围之外，嗜中温微生物只能以非常缓慢的速度生长，甚至完全停顿。这就能说明为什么烹煮食品至少要达到 60 ℃，还有冰箱冷藏室温度必须维持在 2—4 ℃之间。细菌被冷冻时，酶系统便停止运作，一旦解冻，细菌又恢复生长。反复进行冷冻、解冻循环，比单独一次温度改变造成更大破坏。在这种温度变化周期中，每次冷冻都有冰晶在细胞内形成。最后晶体便会造成无法修复的损伤。单独一次加热比单独一次冷冻造成更大破坏，超过 63 ℃，嗜中温微生物便会丧命。

嗜热及嗜冷微生物

嗜热微生物指栖居非常高温（达 74 ℃上下）环境的微生物。超嗜热微生

物能在更高温环境,好比温泉和间歇泉、天然温泉池,还有火山喷发物质中存活。有一类称为 ε-变形杆菌(*epsilon*-proteobacteria,变形菌门之一纲)的微生物,便隶属超嗜热微生物类群。这类变形菌栖居太平洋和大西洋深海,曾有人在海深超过 1.6 千米处的热液口区发现这类菌群。热液口温度超过 250 ℃,相当于几十亿年前的地表温度。ε-变形杆菌可不是那里绝无仅有的生物,在海底热液口还找得到一些古怪的管蠕虫和甲壳动物。

嗜冷微生物指生存于寒冷环境的微生物。许多嗜冷微生物在 10 ℃ 左右长得最好,它们特别喜爱冷藏室的腐败食品。另有些种类则是借冷藏乳制品刻意培养,用来凝结牛乳蛋白质。极嗜冷微生物栖居极冷地带,在极地冰帽和海洋最深、最冷水域都曾分离出这类生物。低温使嗜中温微生物的细胞膜液态部位凝结为浓稠胶质,于是酶的功能完全停顿。嗜冷微生物的细胞膜却含脂肪化合物,低温时依旧呈液态,因此它们的酶在冻寒低温下仍能保持运作。

和嗜中温微生物群相比,嗜冷或嗜热微生物群偏好的温度范围都比较狭窄。嗜热微生物的最佳温度范围介于 50—110 ℃。嗜冷微生物的最佳温度范围同样也要转移,介于-7—5 ℃之间。

温度型极端微生物具有商业价值,香水业已经开始试用嗜冷微生物衍生的酶在某些制造阶段投入生产,取代一般需要加温的程序。由于加热会改变香水的特性,相信改用较低温生物加工制法,便可以产出优质香水。反过来讲,嗜热脂肪芽孢杆菌(*Bacillus stearothermophilus*)制造的酶能在 55 ℃高温下发挥功能,因此成为洗涤剂制造商的宠儿,可用来生产热水洗涤产品。嗜热微生物也是生态利器,能把农庄和自然界的有机废物转变为堆肥。

嗜热微生物和聚合酶链反应

嗜热微生物已经在生物技术界引发巨大冲击,犯罪电视影集的破案情节甚至也有相当部分是嗜热微生物带来的灵感。嗜热微生物最为人熟知的贡献或许就是能耐受高温的 DNA 聚合酶。水生栖热菌(*Thermus aquaticus*)制造的聚合酶能够耐受 71℃高温。于是美国化学家穆利斯在 20 世纪 80 年代进行实验研究时,便以这种聚合酶为关键要素促成重大发现。穆利斯开发出一种技术,称为**聚合酶链反应**(polymerase chain reaction, PCR),还因此荣获 1993 年诺贝尔奖。

PCR 是种基因复制法,能在几小时之内为一段基因复制出好几百万个副本。取一小段据信含有微量 DNA 的生物检体,和水生栖热菌泌出的 DNA 聚合酶混合。(这种酶有个外号,称为 Taq 聚合酶,名称得自水生栖热菌的学名缩略。)把 DNA 的基础建材核苷酸添入装了聚合酶和 DNA 检体的试管中,接着把混合液摆进温度循环控制仪。这种机器大小如烤面包机,能反复加热、冷却混合液,温度介于 55—72℃之间。

反复加热、冷却期间,原本双股互铰的 DNA 每当进入加热周期就分开构成两段单股,称为 DNA 解链作用。到了加热完成阶段,聚合酶便制造出能与原始样本互补匹配的新股 DNA。每次冷却周期开展,各股片段便彼此接合,构成 DNA 独特的阶梯状构造。接着加热阶段又反复出现,通常要进行 25—30 个周期。每次加热时,原始 DNA 段和它的副本都进行复制。因此,原始 DNA 段经历这整个周期便能增殖出为数庞大的副本,这就是 DNA 复制法。这套系统效率极高,能从非常少量样本起步,产出大批 DNA。不过这里有两项不可或缺的要素:(1)促使阶梯状 DNA 解链、崩解的高热;(2)在温度提高之后,仍然能够制造新 DNA 的耐热型酶。于是,借助 PCR 之力,我们才能以纤小片段 DNA 复制出几百万个一模一样的副本,而且这种复制过程在一天之内就能完成。

如今,PCR 具有多方用途,可用来检测血液中的 HIV 和其他感染原,还可以在土壤、食品等复杂混合物中搜寻特定的微生物。研究动植物基因组(物种的完整基因组合)的科学家便采用 PCR,来复制研究对象的特定基因。人类基因组计划在极短时间内便完成,若是少了 PCR,这项计划就无法以如此高速地描绘出人类的 DNA 构造。

细菌和未决悬案

　　黄石国家公园的间歇泉和侦破刑事案件有哪些共通之处？这两件事情由嗜热微生物交织联系起来。1969年，印第安纳大学两位微生物学家发表一项发现，他们在黄石公园蘑菇泉72℃热水中找到一种极端嗜热细菌(图8-1)。这种细菌被命名为水生栖热菌。随着20世纪80年代PCR技术的蓬勃发展，Taq聚合酶也成为高效率高温DNA复制酶链反应标准用酶。事隔几年，除了专业DNA科学界之外，其他领域也开始使用PCR。到了90年代，PCR已经成为热门新技术。法医学家很快就发现，他们手中握有一项利器，可以把嫌犯DNA和刑事现场联系起来。

图8-1　现今用来促成PCR的聚合酶，都是衍生自最早那批细菌，也就是当初采自黄石国家公园天然温泉池的菌群。(著作权人：Ada Piro)

　　2001年11月30日傍晚，一位卡车涂装画家下班时被华盛顿州警察逮捕。经过两年法定程序，里奇韦(Gary Ridgway)承认他就是

格林河连环杀手。1982—1998 年间，他在西雅图地区杀害 48 名女
子。尽管他早就被列为嫌犯，但因为当年 DNA 技术不够成熟，无法认定
他和被害者有关。由于发现的物证极少，案子就这样悬在那里，直到
2001 年，詹森(Tom Jensen)探员重新踏入封存证据室，这才出现转
机。1997 年，检方曾经搜查里奇韦的家，采得少量唾液。由于数量太
少，无法进行精确分析，于是在 4 年间，这件检体都无人碰触。最后詹
森探员判定，现代法医学已经超越当年水平，那时办不到的现在可能
有办法完成，于是他把唾液检体送往该州刑事鉴识实验室。技术人员
拿采自杀手的微量 DNA，还有当年以棉花棒从三名遇害者身上采得的
检体，运用 PCR 进行复制。结果相符。格林河杀手目前在狱中服刑，获
判连续 48 个无期徒刑，永远不得假释。

　　以当年那种情况，水生栖热菌聚合酶正是理想选择。这种酶只需
要少量 DNA 就能展开复制，并产生足供分析的数量。此外，就 PCR 来
讲，检体变质并不成问题，因此 20 年前犯罪侦查采得的检体尽管严重
腐坏，还是可以使用。2003 年，一组调查人员回到杀手的一处弃尸地
点，找出两根人骨。当时法医学已经发展出线粒体 PCR，这是一种精密
技术，可用来分析人类的无核组织，包括毛发、骨头和牙齿。线粒体是
在哺乳类细胞中产生能量的小封包，线粒体也含有 DNA。因此，线粒体
PCR 为刑事侦查的生物检体鉴定增添了一项利器。

　　同时，一起恐怖罪行在华盛顿州逐渐曝光，另一组微生物学家也
毅然展开行动，设法从太平洋一处"黑色烟囱"发掘出一件检体。那种
热液喷口的温度极高，无出其右。高达 400 ℃的海水从那里冒出，随即
与冰冷的深海海水相遇。由于水压极高，因此海床热水并不沸腾，灼热
海水令熔解的铁等矿物质和热液口冒出的硫化物以化学键结合，结果
便生成黑色的硫化亚铁并向外翻涌，这种热液口的外号就是这样来

图 8-2　栖居海床黑色烟囱严苛环境的菌群，有可能是嗜热微生物群的最极端成员。它们制造的酶已经纳入 PCR，发挥实际用途。（著作权单位：William J. Brennanl/SEPM）

的（图 8-2）。

　　极端嗜热菌（*Thermococcus litoralis*）便发现自黑色烟囱。由于这种细菌极端嗜热，科学家十分兴奋，希望运用它的聚合酶来促成 PCR。结果发现，极端嗜热菌聚合酶的作用比水生栖热菌聚合酶的更强。复制 DNA 时，就算其中包含细小错误，水生栖热菌聚合酶也照单全收，而极端嗜热菌聚合酶则能够检核查错，且它能够耐受的温度高于水生栖热菌聚合酶的有效温度范围。极端嗜热菌聚合酶有可能为下一代 PCR 树立效能标杆，而且不只可以发挥医学用途，还能为执法机关清除障碍，破解最令人却步的陈年悬案。

　　靠物证侦破刑事案件，这时 PCR 技术便不可或缺。全血、尿液、精液、毛发、组织、骨髓和牙髓都含有 DNA（红细胞无核，因此不含 DNA）。不论检体腐坏到何等程度或摆放多久，所含 DNA 都能够复制出充分数量，足以和直接取自嫌犯的样本精确比对。法医学家检验嫌犯基因,和从刑事现场采得的 DNA 进行比对,若两者完全相符,该名嫌犯就是要找的人。若有其他相符基因,更显示所得结果确凿无误。

嗜酸微生物和嗜碱微生物

嗜酸微生物指栖居高酸环境的微生物,有时栖所 pH 可低于 2。嗜酸微生物可用来制造醋和德国酸菜等食品,它们让环境变得太酸,其他菌类多半无法生存,因此还有保藏食品之用途。

采矿作业排放的污水呈酸性,这种废水会渗入土壤,流往溪河并危害环境。氧化亚铁硫杆菌(*Thiobacillus ferrooxidans*)也是这种酸害的帮凶。煤矿开采之后,还残留劣等矿石,炼铜业则利用微生物制造的酸性物质从中滤出金属。这类生物采矿法发展成熟之前,由于提炼太过昂贵,采矿业只好放弃矿石所含金属,相当于损失了几百万美元。如今生物采矿业已经成为价值几十亿美元的行业。

就如嗜酸微生物,**嗜碱微生物**也擅长让本身的细胞内部保持中性,就算住在极端严苛碱性环境当中也无妨。全世界的咸水湖泊就属于这种环境。嗜碱微生物可用来处理皮革,还能减轻漏油污染危害。

高盐环境

嗜碱微生物也都是**嗜盐微生物**,也就是栖息在高盐溶液中的微生物。嗜盐微生物必须设法抵抗含盐环境,还要有本领耐受细胞内外的压力差。多数微生物都能在海水中存活一段时间,海水含有高盐成分,约为它们最合宜盐浓度的 6 倍。当盐分进入细胞内部构造,细胞内压便会提高。为了在极高盐浓度环境生存,嗜盐微生物采取几项对策把盐分挡在细胞外侧,让

胞内维持80%—90%的水分。极端嗜盐微生物只能在高盐环境中生存。就以栖居死海的细菌为例,它们所需盐浓度为30%。

嗜盐微生物并不局限生存于7大洋,它们住在干盐湖,连农庄供应家牛、马匹舔舐的盐块上都找得到它们。曾有人在高盐卤水中分离出几种嗜盐微生物,而且可以拿来盐渍动物皮革。

盐生盐杆菌(*Halobacterium halobium*)是栖居咸水湖的原生生物,会制造一种紫色蛋白质,这种物质和眼中的低光度视觉色素雷同,称为细菌视紫红质。由于细菌视紫红质具光敏特性,目前正在研究这种物质的生物芯片用途。生物芯片是用来处理数据的计算机晶片,不过并不采用硅材,而是以生物化合物制成。盐杆菌类群的紫色蛋白质能以光速运载信息,速率超过硅材。或许不久之后,人工智能前沿领域就会开始采用细菌视紫红质生物芯片。

其他极端环境

技术界已经用上几类嗜热微生物、嗜冷微生物和嗜酸微生物。至于其他热爱极端环境的微生物有什么优点,目前还不是完全了解,不过总有一天,它们的专长终究会造福社会。

嗜压微生物栖居高压栖所,深海环境就是一例。栖居海床的嗜压微生物能够耐受1000倍大气压力,最近还在位于地表下3000米多,照不到阳光的矿坑里发现了其他几种"深渊"微生物。

天体生物学家研究嗜冷微生物和嗜压微生物,希望能解答地外行星星否有生命的疑点。这类微生物偏爱低温和高压,生存条件和银河系其他星体的情况相符。因此,这群特化微生物可以作为太阳系和系外宇宙的生物学模型。

有些细菌十分耐受,能够在几乎不含养料的贫瘠环境中生存下来。半导体业用来清洗电路的超纯水都经过蒸馏和反复过滤,把固体物质和颗粒、盐分和矿物质、有机化合物和硅都彻底清除。然而,柄杆菌(*Caulobacter*)和荧光假单胞菌(*Pseudomonas fluorescens*)两类细菌却有可能搅乱电子产品的制造过程。这类细菌能够由纯化水中摄取足够养分,再由大气中吸收二氧化碳,充分满足它们的生长所需。

微生物界还有其他特化种类,包括光能自养生物,也就是只需光线提供能量便能维生的微生物;以及自营生物,这类生物只用二氧化碳来进行代谢作用。自营生物也称为无机营养生物,别名食岩菌类,它们对丰富养分来源似乎全然不感兴趣。

嗜干微生物指所居栖所几乎不含任何湿气的微生物。真菌比细菌更偏好干旱型沙漠栖所环境。有些嗜干微生物会破坏库存的干燥谷物、种子和坚果。食物加工制品往往以高糖分或高盐分来保藏防腐,这可以减少水分,排除微生物滋长要件。不幸的是,嗜干微生物在含糖或含盐场所中也活得很好,因此尽管这类食品不受其他微生物侵害,嗜干种类依旧能带来麻烦。

某些栖居地表极端环境之最的微生物,数量有可能十分稀少。它们的栖所称为**稀有生物圈**。这种地方稀奇古怪,十分独特,存活于此的生物往往和我们所知的种类完全不同。或许有一天,微生物学家会找到罕见的微生物种类,并发现它们能够进行有用的生物反应。就现在而言,光是发现、取得这类微生物就是一项极艰巨的挑战。

生物降解

超级细菌

　　嗜极微生物是环境污染生物清洁法的要件。它们有本事在毒性金属废料和有机溶剂中生存,成为清除污染毒性的得力助手。环境化学家已经知道,某些微生物能够摧毁 1000 多种化学物质。想想看,EPA 划定的环保超级基金整治区附近,距离不到 6.5 千米范围内,总共住了 2000 万人,难怪生物复原行业不断成长。如今微生物已经投入各种清洁用途,还有些研究正在进行,适用清洁范围包括表层和深层土壤、沉积区、地下水、地面水、海洋、河口湾和湿地。感测仪器日新月异,能测得土壤和液体所含的微量污染物,随着分析敏感度提高,更多污染情况纷纷曝光,而且数量多得令人心惊。

　　土壤和水中含有多种能分解化学物质的天然微生物,一旦有化学物质倾倒在周围环境中,它们就会慢慢分解、中和(转变为无毒形式)这些化学物质。但天然分解作用旷日费时,我们的环境等不及了,因此必须使用生物工程微生物来加速解毒进程。

　　微生物学家"发明"生物工程微生物之前,必须先找出能够在污染地点生长的微生物(一号微生物)。为了在有毒土壤或有毒水中生存,有些极端微生物便制造出能够对有害溶剂或金属起作用的酶。微生物学家让微生物在试管或培养皿中制造这种酶以供研究。接下来, 学者从一号微生物的 DNA 中找出制造此种酶的基因所在位置。基因选定之后便转移给第二种微生物(二号微生物),这个程序叫做**基因转移**。经过这道程序,二号微生物便转变为生物工程超级细菌,只要见到污染物便胃口大开。

基因转移有多种不同做法。首先是**接合法**，由两个细胞相互接触并交换 DNA。第二种方法称为**转染法**，借由只感染细菌的病毒（噬菌体）把一类细菌的基因导入另一类细菌体内。这种病毒的作用是运载选定的基因，接着便感染目标菌群，这样便可以把基因插入新的超级细菌的 DNA 内。微生物学家还运用**转型法**把一种细菌的基因引进另一个菌种。转型法把包含重点基因的"裸"DNA 植入液体，接着添入菌群。细菌喝下 DNA，把那段基因纳入自己的染色体内。最后便可采用**电穿孔法**来转移基因。细胞和 DNA 都摆进液体，接着接通电流，电流让细菌表面出现开孔，于是 DNA 便穿过细胞表层进入细胞内。质粒也可以作为基因载体，把选定的基因送往另一个微生物。这些方法多半具有局限性，对某些细菌有效，其他的就不行，而且所有方法都不像前面所述那么简单，其中还牵涉到更多操控步骤。

选定基因转移法之后，微生物学家就根据细菌的强悍生长特性来选择受体菌种。能形成芽孢的芽孢杆菌是很受欢迎的菌类，假单胞菌和产碱杆菌类群也同样受欢迎，这些菌群在多种环境中都能繁茂滋长。还有某些情况则可以借助青霉菌和镰孢菌两类真菌。超级细菌把天然强健本性和纳入它们 DNA 的特殊基因结合起来。若在实验室中处理得当，所产生的超级细菌就不只是能在化学污染物中勉强生存；它热爱污染。

不久之后，生物工程超级细菌就会在毒物污染区派上用场，成为正规清毒措施的一环。如今列入开发进度的超级细菌可用来清除以下几种有机化学物质：苯甲酸酯、甲苯、萘、辛烷、醚和木馏油，这里列出的只是少数，有些种类能分解 200 多种有机化学物质。生物降解成功案例包括清除汽油和燃油泄漏，以及含氯有机化合物。

生物芯片

计算机界正与生物技术联手侦测环境毒素，这方面至少有一起实例。荧光素酶是能够让某些有机体射出光芒的酶。倘若没有荧光素酶，到了夏

天晚上,我们便看不到萤火虫绽放的绿色闪烁光点,这样一来,民众恐怕会深感遗憾。海上夜航有时可见几万亿个荧光浮游生物借荧光素酶发光,在船后尾迹散放怪异磷光。

技术圈各界有可能运用微生物荧光素酶制成一种开关装置,用来显示是否出现污染。这项构想希望能借助处理芯片的传导特性,结合酶的生物活性制成一种**生物芯片**。某些化合物能与土壤或水中的污染物结合,并释放出小股能量。若能使这类化合物附着于芯片或探针上,再加上荧光素酶,这么一来,每当芯片感测出毒性分子就会闪现光芒。设计生物芯片时,还可以让发光强度随污染物数量成等比增强。

生物降解的前景和难题

环境金属污染有可能源自破坏地质构造的自然活动,这方面的实例有地震和火山等。电气、涂料、合金、核能,以及采矿等行业也会产生金属副产品。用来清理金属污染的超级细菌的培育方法和有机溶剂清理型菌类的培育法并无不同。首先,找出栖居环境和金属有密切关联的微生物种类,把它们带进实验室。科学家研究各种微生物采用何种方式,来防范金属毒性的侵害。挑出几种最强健的微生物,采用生物工程技术让它们表现出超级解毒活性。接着把几种最有效的超级细菌施放于污染区。微生物采用若干方式来清除毒害:(1)将金属固化,不使其渗入地下或水中;(2)制造复合物并使金属与之结合。然后,这种含金属化合物便由有害废物"技师"动手清除。如今已经有几种金属毒物超级细菌列入试验进程,要清除的金属污染物包括以下常见种类:硒、砷、镉、汞、锰、锌、镍和铅。

除了超级细菌之外,生物薄膜也参与清除水中的有害金属。生物薄膜从周围水流吸收金属。降解型生物薄膜就像自然生成的生物薄膜,也是由形形色色的微生物构成的,不过降解型薄膜经过控管,内含爱吃污染物的微生物。这几类细菌似乎最能清理含金属污染水:芽孢杆菌、柠檬酸杆菌

(*Citrobacter*)、节杆菌(*Arthrobacter*)和链霉菌等。念珠菌和酿母菌两类酵母也可以纳入降解型生物薄膜并发挥清毒作用。

生态系统一天天受到污染损伤，采用生物降解法将有机会遏止这种现象。有些人质疑生物工程做法，深恐制成的微生物一旦意外释入周围环境，超级细菌便可能扰乱自然生态系统。由于遗传工程学引发强烈反对，超级细菌运用进程也往后推迟。生物工程微生物已经在世界各地零星施用于污染毒害区域。1989年，埃克森集团"瓦尔迪兹"号漏油事件的善后作业便采用低风险生物降解法来清除油害。漏油初期几个月间，并没有生物工程微生物奉召投入。当时的做法是在受污染海岸添加养分，由于油料上已经长了一些微生物，添加养料可以加速那批原生种类滋长。由于这种做法所采用的生物因子已经存在于受污染的溪流、岸线地带或土壤中，因此称之为**自然生物降解法**。

许多人对发展生物工程微生物来清除毒物感到不安，这和农业用生物工程微生物引发的忧虑并无两样。倘若生物工程物种挣脱规划界限，究竟会带来哪些危害？果真逃脱并侵入现有生态系统，会带来哪些损害？风险分析学家结合数学、概率和统计技术，针对实际意外事件，评估健康危害后果。

尽管电影界依据遗传怪物进入人类社会的构想，拍出几部灾难电影，不过若要引发生物灾害，必须连续出现几起事件才行。导致生物灾害的事件必须依照如下顺序发生：(1)超级细菌能够在规划目标区之外的环境中存活；(2)接着它要设法和已经适应该处环境的原生微生物群共同生活，并维持个体数量；(3)它要找到途径进一步向外散布；(4)它的人为遗传成分要能伤害鱼、动物或人类等寄主；(5)它要在一处区位立足，从而在寄主族群中繁殖、蔓延。这些事件要按照特定顺序发生的概率很低。

另外还有一种令人安心的**稀释效应**现象。这种自然安全机制能够对付超级细菌，也能对付水污染恐怖分子，而且效果一样好。释出外界的生物工程超级细菌，必须克服历经漫长光阴发展出来的自然历程。尽管超级细菌

有可能因意外释出外界,不过它们很难存活,因为其他微生物和环境条件会令它们动弹不得。

然而,变幻无常的生物系统终究充满变量,难以预测。只要施用、监控得当,生物工程微生物就不会带来危害。最大的风险在于人为的错误,这种事例层出不穷,一旦发生,就有可能带来生物工程浩劫。

这是肮脏勾当,不过……

2006 年,CareerBuilder.com 网站列出"科学界十大肮脏职位",结果令人跌破眼镜。在这十大职位当中,微生物学家竟然囊括其中 5 项。排行榜上分别有**堆肥检验员**、猩猩尿液采集员(采集尿液供繁殖研究使用)、**强毒生物实验室监察员**、**极端微生物采掘员**、**痢疾粪样分析员**、精液分析员(清点精子细胞数量,并保存供体外受精使用)、火山学家(监视活火山)、屠体清洁员(处理经屠宰的牲口供生产线制造肉品)、**瘤胃瘘管专家**,还有巨花魔芋("尸花")栽培员(栽植照料一类会散发尸臭的植物)。

微生物学职位	职　掌
堆肥检验员	翻检农场堆肥,确认无污染迹象之后才放行供农作物施肥用
强毒生物实验室监察员	在研究炭疽杆菌等最致命病原体的专业实验室工作,维持实验室正常运作
极端微生物采掘员	筛检环保超级基金整治区、高热温泉和喷口以及冰点以下区域,寻找特化微生物
痢疾粪样分析员	研究患者粪样所含病原体,充实我们的医学知识
瘤胃瘘管专家	透过牛胃的手术植入开口(瘘管)来研究牛瘤胃中的微生物和消化作用

更高的高科技

基因疗法

1798 年,詹纳率先试验疫苗,成就一项医学突破。迄今疫苗生产原理并没有多大变化。然而在过去的 10 年间,生物技术界已经为保健领域带来第二项重大进展,那就是**基因疗法**,该疗法借助病毒侵入寄主细胞的本领来治疗疾病。

基因疗法使用的病毒负责运载基因到体内特定组织。治疗过程以一段正常基因取代染色体中的受损、异常基因,或把一段基因插入遗缺基因片段。从生物学角度来看,病毒是最擅长侵入细胞的高手,一旦进入细胞,它们便接管寄主 DNA 的正常复制功能。基因疗法能够由 DNA 入手,拥有根治遗传疾病的潜力。

FDA 还没有核准基因疗法上市。第一次基因疗法试验在 1990 年完成,结果就如所有新兴科学,它也面临尚待克服的挑战。尽管如此,这种疗法已经展现前景,有可能用来治疗某些免疫缺损症,如肌营养不良症和囊肿性纤维化疾病。

目前,研究人员正设法从各个层面来改良基因疗法,期望将来能发挥完整效能。他们必须先设法让寄主 DNA 接纳插入的基因段,并永远保存下来。此外,身体不能区辨哪些是治疗用的"好病毒",哪些是"坏病毒"。由于血流中的病毒全都是异物,机体会因应启动发炎和免疫反应,因此注射治疗用病毒的同时也必须抑制这些反应。治疗用病毒有可能回复成具感染力的类型,这点不仅令人担心,也有事实佐证。最后,有些疾病受多种基因的控制,这类多重基因性病症为数不少,包括糖尿病、心脏病、高血压、阿尔兹

海默症和关节炎。基因疗法或许并非这几种疾病的上选疗法。反过来讲,倘若某种病情只由少数基因来控制,那么基因疗法就有希望发挥效能。基因疗法最新研究的重点课题包括镰状细胞贫血症、血友病、1 型糖尿病的胰岛素替代治疗、遗传性高胆固醇血症,还有几种肿瘤。

纳米生物学

纳米技术是建造纤小装置的学问,纳米装置十分细小,能够在细胞内操控分子。纳米制品的尺度大小不等,不过一般都不大于 1000 纳米。纳米生物学把电学或非电学仪器(称为纳米元件)和生物组件两相结合。纳米组件可以是纳米线、微型电路或电极。纳米生物学的潜在效益包括药物传输、疾病诊断或追溯疾病在细胞内的进程。

目前纳米生物学技术已有实际用途,可用来构筑一种以细菌胞膜构造为基础的人造膜层。这种人造双层膜袋状构造,在人体内不容易被摧毁,可用来运载药物到患病的器官和组织。

纳米生物学将来可能会借助一种 M13 病毒,这种病毒能与金属结合,并在无活性表面大群集结,构成有序薄片,或可用来传导电流,也可能发出信号,警告人体内部出现毒素。若已知某种毒素的单一分子就能诱发 DNA 突变,那么纳米生物学或许就能为癌症发病预测开创先河。

微生物对社会的影响

全世界人口数已经超过 65 亿。随着人口的增长，更多人迁往城市中心。城市化对人体和周围生态系统产生种种不同压力，我们对人类改变气候、海洋、大气和自然资源的情况可说是后知后觉。

微生物和这类变化也不无关系。在居民稠密的社区中，感染源有更多机会找到容易侵犯的寄主。高密度社区的居民有相当比例的健康情况属于高风险类别。由于环境受了污染，于是人们由食品、饮水和空气接触的毒性化学物品还要更多，而且感染型微生物也会利用这种压力处境，趁人类和动物虚弱时入侵。当地球填满毒性废物，新型疾病的出现率就有可能提高。

然而，倘若没有微生物，地球上的哺乳类动物大概也活不了多久。前者在生物圈发挥的作用不计其数：废物分解、养分再循环、生产维生素、消化食物、食品的制造和保藏，还参与制造产业用品和消费用品。

地球上的微生物多数都是未开发的资源，它们可以提供酶、蛋白质、抗生素和化疗药物。它们的潜力雄厚，能治愈疾病，还能为我们的居住空间清理毒物，至于对我们的威胁则相形较轻。极端微生物在微生物界总是默默无闻，但到头来却很可能为我们探得地球生物圈和地外行星的生物信息提供解答。社会对新科技的抗拒或许也束缚了微生物学的进展。纵观人类历史，每当科学产生重大发现，都得艰辛熬过一段负面的反对阶段。遗传工程学、纳米技术和基因疗法都不免要引发争议，质疑人类操控自然系统是否会带来危害。当然，有些议题或许是正当的，毕竟现今残破的地表景观正是科学技术带来的恶果。

人类通过研究微生物来认识生物细胞如何适应环境，这种做法并没有错。然而人类却常误以为我们和地表其他生物并无瓜葛。甚至还有人认为，

我们本来就该支配其他所有生物,这更是严重错误。人类的地位和地球所有生物并没有高低之别,我们与身边的动植物和微生物共享生活空间。倘若真有某种生物崛起,压倒其他种类,这个优胜物种也不会是人类。就适应能力来讲,微生物肯定能够胜出,它们有本领"智取"天敌,击败毁灭性对手,还有办法克服物理和化学障碍并能迅速繁衍。早在人类出现之前,微生物已经在地球上生活,而且一旦人类灭亡,它们肯定还能继续在地表滋长。若是要选出生物界最高级的有机体,选择单细胞健将——微生物——准没错。

五秒法则终曲

　　"五秒法则"的说法系以微生物学几项核心原则作为根据。在读完这本书之后，你已经学到这些原则，花点时间复习一下，下次失手把饼干掉在地上，就知道该不该再捡起来吃了。

　　微生物无所不在，所以先假定这块饼干肯定会从地面沾上几个或几十个微生物，更何况，现在你已经知道微生物能借无生命物体在人际间传染。5秒钟的时间十分充裕，可以让微生物从地板染上饼干。就算边检查饼干边说"看来还算干净"也不算数，因为**微生物是看不到的**。所幸，**多数微生物都不是病原体**。若是你的饼干上出现一两个病原体，你的免疫防卫措施肯定能够击败小规模感染。

　　不论如何，饼干究竟有多少机会沾上致病微生物并达到**感染剂量**？现在你可以根据科学原理来权衡抉择，不必再看那份饼干配方含有多少巧克力片来决定了。

　　又或许五秒法则根本与微生物学无关。伊利诺伊大学曾针对五秒法则做了一个详尽研究，其中的一项发现大概不会令人吃惊。科学家发现，会从地板上再捡起饼干或糖果吃下去的人数，比捡拾花椰菜或青花菜来吃的人多得多！

25个最常见的问题

1. 肥皂会不会沾染病菌？

会，用过的肥皂表面有可能沾染细菌。这实在不令人意外，几乎所有地方都找得到细菌，肥皂的成分再加上含水环境，更是细菌滋长的温床。微生物学家曾模仿一般洗手情况，测定转移到手上的肥皂量，并据此判定一块肥皂上的细菌数有可能介于几十个到 1 万个之间。其中多数是常见于皮肤的细菌"金黄色葡萄球菌"。瓶装洗手乳的含菌量较低，不过压柄和出口处却有可能受到污染。肥皂上的细菌数量远比你手上的少。洗手可以洗掉手上和肥皂上的大半细菌。专家建议可采用"双重生日快乐"洗手法：边洗手边唱《生日快乐》歌，唱完两遍才算洗好。(资料来源：*Applied and Environmental Microbiology* 48:338， 1984; *Epidemiology and Infection* 101： 135， 1988； *Infection Control* 8:371， 1987)

2. 接种疫苗比不接种更危险吗？

不对。全世界有几亿人还能活着，都得感谢有效的接种计划。确实有人因注射疫苗引发并发症而死，不过这样的案例很少见。因此就整体而言，接种疫苗对健康有好处。有关疫苗的健康隐忧，主要在于疫苗有可能引发感染症和过敏反应。减毒型（弱化的）疫苗采用经过处理、已经不会引发感染的活体病毒制成。不过就目前所知，有些仍会引发不良反应。减毒型麻腮风三联疫苗[预防麻疹、腮腺炎和德国麻疹(风疹)的疫苗)]就是个例子。接受麻腮风三联疫苗接种的民众,有些注射约1周后就会出现轻度发烧或皮疹症状,比例可达15%。CDC建议,对蛋类蛋白质过敏人士最好不要接种麻腮风三联疫苗、流感疫苗和黄热病疫苗,这些疫苗都以蛋类蛋白质为基本原料,很容易引发过敏反应。(资料来源:National Immunization Program of the Centers for Disease Control and Prevention; National Vaccine Information Center; *Morbidity and Mortality Weekly Report*, December 1, 2006)

3. 家里的海绵真的会让人生病吗?

有可能。若是用海绵来擦拭生肉淌出的肉汁、血液,接着又用同一块脏海绵来擦拭其他物品的表面,而这些物品表面有机会碰触到蔬果,或者用来切面包,这时家人就很容易从这块海绵上染上疾病。像抹布、砧板一类物品,一定要先用肥皂和温水彻底刷洗才可以再次使用。或者选用抛弃式抹布来擦拭生肉或生海鲜的污物,这么做会比使用海绵来得安全。若使用海绵擦拭这些污物,用过之后就得记得清洁干净或换新的。(资料来源:Washington State University Extension Service; Community Practitioners' and Health Visitors' Association)

4. 男人和女人,谁比较干净?

有好几项研究比较了男女在使用卫浴时和洗手时的习惯,结果显示女人和男人的卫生习惯确实不同(毫不意外)。而从微生物学角度来看,和男厕所相比,女厕所的微生物数量较多,女厕所受微生物污染的表面较广。但女性的洗手习惯比较好。哈里斯互动调查公司在2005年做了一项研究,他们在全美多处公厕观察男女人群的行为。有90%的女性洗了手,而只有75%的男性洗手,其他几项相同研究观察到男性洗手人数甚至更低。也有研究发现,不管是男性或女性,在卫生方面的自评都不够诚实。该系列研究中的电话调查结果发现,97%受访女性表

示在使用公厕后一定会洗手或通常会洗手,而有 96% 的男性也表示使用公厕后一定会洗手或通常会洗手。(资料来源: Charles Gerba, PhD, University of Arizona; The American Society for Microbiology; The Soap and Detergent Association; Harris Interactive Inc.; *New York Times*, February 23, 1999)

5. 抗菌肥皂真的有效吗?

有效,不过得依使用方式而定。科学证据显示,抗菌肥皂可以减少手上的含菌量,而且效果比普通肥皂好。这类研究有若干瑕疵,因为受试对象往往来自卫生专业界,和没有受过卫生训练的人士相比,这群受试者更知道该如何正确洗手。另外一项缺失是,许多洗手研究都没有深入探究一般人的日常洗手方式。多数人的洗手时间都不够长,水温也不妥当,导致肥皂(任何肥皂)不能发挥最高效能。在这种情况下,肥皂所含抗微生物成分将无法大量杀死微生物或大幅减少其数量。总而言之,建议各位认真洗手,不论使用哪一种肥皂,都能抑制病菌的散播。(资料来源:*Journal of Community Health* 28:139, 2003; *Infection Control* 8:371, 1987)

6. 蚊子会不会传染艾滋病?

不会。引发艾滋病的病毒称为 HIV,必须借由性行为或肠外途径(直接血液传播),如使用不干净的针头才会受到感染。理由如下:(1)HIV 在蚊子体内无法复制,而借由媒介动物传播的病毒必须先在昆虫媒介体内复制才能感染人类。(2)HIV 进入蚊子体内无法长期生存,这是由于昆虫没有 CD4 淋巴细胞(这种淋巴细胞上含有 CD4 抗原,也就是病毒附着细胞的要件),而这种淋巴细胞正是 HIV 的感染对象。蚊子消化血液之时,也把吸入的病毒杀死。(3)蚊子叮咬寄主时,注入人体的是唾液,并非血液。(4)世界各地都有详尽研究,针对这个问题彻底探讨,研究范围涵括艾滋病患者比例极高、媒介昆虫总数也十分庞大的地区。迄今没有任何数据足以证明,HIV 的动物媒介能够传播可引发艾滋病的感染剂量。(资料来源:The Centers for Disease Control and Prevention; *Journal of the Louisiana State Medical Society.* 151:429, 1999; Rutgers University Cooperative Research and Extension; Los Angeles County West Vector and Vector Borne Disease Control District)

7. 有些卫生清洁喷雾剂自称能够杀死飘在空中散发臭味的细菌。空气中的细菌真的能散发恶臭吗？ 那种喷雾剂是否只是用香味来盖过臭味？

空气里的细菌不会散发臭味, 空飘细菌通常都附着于潮湿微滴, 或者附上飘浮的尘埃、花粉、叶片和毛发等物跟着移动。细菌在空中短暂停留期间只消化极少养分,也不会发出恶臭。然而,一旦落在表面, 它们就会开始生长,最后就会发出气味。现今市面上的空气清洁剂都没有接受细菌试验,自称能够杀死飘在空中散发臭味的细菌的说法是根据产品成分来推论, 而这类制品往往也含有香水成分。(资料来源: The Environmental Protection Agency; Reckitt-Benckiser Basic Microbiological Control Manual)

8. 使用护手卫生清洁剂来洗手,效果和肥皂加水一样好吗？

两种都有用,两种都有必要。80%的感染性疾病都是借人类接触来传染,而且其中多半是由手传播。肥皂和水可以洗掉尘土、毛发、坏死皮肤细胞和众多微生物。在很多情况下都应该用肥皂和水洗手,包括预备食物和进食之前、帮小孩换尿布之后、碰触宠物之后、待在室外后,还有上厕所后。护手卫生清洁剂含有乙醇,能有效清除微生物,不过乙醇会刺激某些人的皮肤。若在找不到肥皂和水的场合,好比乘飞机或其他交通工具外出旅行、参加体育活动、露营或户外活动等,建议

使用护手卫生清洁剂来清洁双手。至少有一项研究显示,含乙醇卫生清洁凝胶(干洗手剂)比肥皂和水更能清除手上的病菌。(资料来源:*American Journal of Infection Control* 27:332, 1999; Charles Gerba, PhD, University of Arizona; Philip Tierno, PhD, New York University Medical Center)

9. 狗的嘴巴真的比人类的嘴巴更干净吗?

狗的嘴巴和人的嘴巴不相同,但并没有更干净。犬只口中含有大量口腔菌群。犬类口腔菌种群和人类的不同,这或许是由于犬类饮食少含糖类,以及唾液分泌模式不同所致。染患龋齿的狗非常少,不过有些狗确实患有牙龈炎,若不加以治疗,便可能转为牙周病,还可能导致牙齿脱落。犬类牙齿上也很容易长出牙菌斑。小狗也常会舔舐排尿和肛门部位、表皮和被毛,吃进粪生菌群。它们还习惯舔舐爪子,爪子上的微生物更是不计其数。有些犬只还有吃粪便的习性,也就是医学上所说的食粪症。但是爱狗人士在亲吻犬只后,因此染上感冒的机会并不大,反而是小狗比较容易受到感染,或许就是如此,人们才认为狗的嘴巴很干净吧。(资料来源:*The Merck Veterinary Manual*; Douglas Island Veterinary Service LLC; Hilltop Animal Hospital)

10. 究竟"感冒宜饱食,发烧宜禁食"对呢,还是"发烧宜饱食,感冒宜禁食"才对?或者,不论哪种做法都正确,为什么这么做能帮助杀死病毒呢?

这句俗语的正确性并未被确认,连原始意义也有争议,而且不论采用哪种方式,就医疗效用来看,始终深受质疑!目前,正确的用词是"感冒宜饱食,发烧宜禁食"。这句话源自 16 世纪,不过原话和今天的意思并不相同。多年以来,医学专家大半赞成感冒时最好要适度摄取养分和流质,并充分休息,因此生病时不该禁食。于是这句俗语便一度

与其他几项医学奥秘一同被束之高阁。后来在 2002 年,荷兰一组医学
研究人员发现,均衡饮食能助长身体制造 γ 干扰素,这种化合物能杀
死病毒。至于禁食则能够刺激身体制造白细胞介素(也称为白介素),
这种化合物能抑制引起发烧的细菌感染。换句话说,这句老俗语还是
有医学根据的,但是这项荷兰人的研究规模很小,只有 6 名成年男性
志愿受试者,后来也没有更大规模的相同研究。所以,除非有进一步发
展,否则感冒时还是多卧床休息、摄取大量流质,并且好好享用一碗温
热鸡汤。(资料来源: Allina Health System; Indiana University School of
Medicine; Cardiff University; *Medical Hypotheses* 64:1080, 2005; *Clinical
and Diagnostic Laboratory Immunology* 9:182, 2002)

11. 不断使用消毒剂和卫生清洁剂好吗,是否弊大于利呢?

　　这项争议还没有答案。证据显示,居家经常使用消毒剂可以降低
屋中的病原体数量。只是,物品在清洗干净之后往往马上又会被使用,
因此清洁剂的效用为时短暂。持反面意见的科学家论称,化学消毒剂
会促使微生物形成抵抗力, 也让免疫系统没有机会发展出正常功能。
正、反两派见解都已经累积许多科学论文,分别佐证己方论述。也由于
争议双方情绪高涨, 想要客观理清数据是越来越困难了。(资料来源:
Journal of Applied Microbiology 85:819, 1998; *Journal of Applied Micro-
biology* 83:737, 1997; Reckitt Benckiser plc, The Clorox Company; Al-
liance for the Prudent Use of Antibiotics)

12. 坐马桶会不会染上任何坏东西?

　　除非努力尝试,否则是不会的。其实和浴室的其他东西相比,甚至
和厨房中的物品相比,马桶坐垫恐怕还干净许多。多人共享的无生物
表面大都不会危害健康,马桶坐垫也一样。碰触明显脏污表面会沾上
危险的微生物,碰触看来干净的表面同样也有机会沾上病原体。使用

厕所之后以肥皂和温水彻底洗手,而且至少洗 20 秒,这样才能降低风险,避免从厕所或浴室沾上微生物。切记,每次上完厕所后都要洗手。(Charles Gerba, PhD, University of Arizona; 以及 Nicholas Bakalar 的著作 *Where the Germs Are*, 2003)

13. 最好的狗屋消毒法是什么?

先拿走食盘、玩具,再把狗带开!清除肉眼可见的尘土,接着用水和粗刷子刷洗所有表面。用热水彻底冲洗干净。使用漂白剂或其他消毒剂(切勿混用),按照产品使用说明,以喷雾器或拖把消毒。消毒犬只活动场的混凝土地面时应使用适合产品,阅读说明文字,选择指称能有效消毒这类表面的产品,并依循说明来使用。处理硬塑料或金属犬笼等无孔硬实表面时,推荐使用漂白水来消毒。取养乐多大小的塑料瓶(100 毫升),盛装漂白剂约八九分满,倒入 2 升的瓶中,再加满水调成漂白水备用(漂白剂和水的比例为 1:22)。在所有表面上都涂满漂白水, 并保持湿润至少 10 分钟。(若使用非漂白剂产品来清洗犬只活动场,应遵照说明并依标签所述的接触时间来施用。)拿水管冲水彻底清洗狗舍,最后用橡胶刮干工具(常用来清洁玻璃的雨刷状清洁用具)刮去水分并通风晾干,尽量不留任何潮气。由于消毒剂挥发气体会引发动物不适,因此就算产品自称使用后不必冲洗,第一要务仍是彻底冲洗干净。漂白剂会腐蚀金属表面,因此许多狗舍主人会采隔日或隔周方式,交替使用漂白剂和其他非漂白剂产品。(资料来源:Humane Society of the United States)

14. 我该如何应付炭疽?

美国联邦国土安全部(Department of Homeland Security)网页提供了相关网站链接,可点选浏览炭疽细菌与相关风险,阅读所提建议和讨论。CDC 网站也提供炭疽问答检索网页, 若您怀疑自己曾接触炭疽

病原体,也可以通过网站上的顾问咨询联络执法机关。所有机构都建
议民众,若见到沾染任何色泽粉末的可疑包裹或信封,都应该进行举
报。

15. 感冒病毒可以在门把上存活多久?

这牵涉到几项生物学定论。有些感冒病毒在门把一类表面逗留几
分钟之后依旧保有活性。有证据显示,感冒病毒在无生命坚硬表面可
以熬过 3 天之久。触摸厨房料理台、水龙头、冰箱门把等共享物品之
后,除非洗过手,否则不要用手或手指碰触脸上任何部位。(资料来源:
Syed Sattar, PhD, University of Ottawa; The Centers for Disease Control
and Prevention)

16. 会不会有一天,所有细菌都能耐受所有已知抗生素?

这个问题目前没有答案,不过这种情况或许不会成真。世界上还
有成千上万种细菌没被人发现,其中有些种类将来或许会给人类带来
前所未有的新疾病。新的种类或许并不具抗生素耐药性,不过,我们知
道微生物可以迅速发展出抵抗力。此外还有大量植物和微生物尚未为
人所知,而那批资源也可能产生有效的新型抗生素。尽管普遍见于医
院和一般大众的已知病原体对现有药物的抵抗力都越来越强,然而我
们却也认为,技术和新发现可以让我们领先一步战胜威胁。

17. 染上感冒的人,是否在症状显现之前就开始散播病毒?

染上感冒病毒一天后,在症状还没出现前,它们就会开始在你的
鼻腔衬里黏膜复制。随着鼻中病毒量增加,你就会开始借由双手或唾
液向外散播病毒。不过就感冒来讲,较常见的散播时机或许是在症状
最严重的阶段。擦拭鼻涕污染双手,接着和人握手或碰触共享表面就
会散播感冒病毒,这是已知事实。打喷嚏、流鼻涕和咳嗽是最明显的警

告,表示此人是个"感冒制造厂"。(资料来源:The Common Cold Centre of Cardiff University)

18. 我该把孩子送往日托机构,还是让他待在家里并远离病菌,哪一种做法比较安全?

这又是一个仍有争议的微生物学课题。只要双亲和日托机构职工都遵守优良的卫生习惯,那么日托机构就是安全的。凡是有幼童群聚共享玩具、在地上爬行,还把手指和玩具摆进口中的地方,都必须更加注意清洁和个人卫生。遵守良好双手卫生习惯的小学学童,平均每年请病假缺课天数为两天半左右。不遵照良好卫生习惯的孩子,请病假缺课天数则超过 3 天。成人必须先养成卫生习惯,才能帮助学步儿童保持清洁。孩子生病就必须让他留在家里。儿童照顾专业人士、托育中心的厨师和清洁人员,以及父母都必须接受良好的卫生训练。只要顾及这几项要点,就可以安心接受日间托育服务,因为家里也有病菌。(资料来源:*American Journal of Infection Control* 28:340, 2000; *Epidemiology and Infection* 115:527, 1995; Pediatrics 94:991, 1994; *American Journal of Epidemiology* 120:750, 1984; The Centers for Disease Control and Prevention)

19. 我可以维持多久不洗澡?

依情况而定。你希望自己有多少朋友?因不洗澡而影响观瞻的程度远远超过对健康的危害,不过条件是你对抗病菌的皮肤屏障没有受损,身上没有割伤、擦伤、皮疹或其他伤口,因为在这种情况下容易引发感染。

20. 旅馆房间是不是到处都有病菌?

是的。旅馆房间的所有表面几乎都有微生物。尽管旅馆房间都经过打扫,但因为清洁人员因时间限制,无法彻底清洁与消毒。旅馆房间中的床罩、电话机、冰箱、微波炉门把、马桶压柄、电视遥控器和电视游乐器的控制装置等,常常没有经过消毒。很多旅行用品店都会出售一种携带式黑光灯(长波紫外灯),其灯光可以激发天然磷化合物发出光芒,住旅馆时可用来照出病菌。不过请注意,除了微生物之外,其他物质也含磷,好比粪便、精液、汗水和唾液。使用黑光灯之后,你大概再也不想住旅馆了。(资料来源:Charles Gerba, PhD, University of Arizona; MSNBC.com, September 29, 2006; ABC News, January 15, 2006)

21. 使用电话会不会染上任何疾病?

电话机的表面上全都有微生物。手拿话筒对着话筒讲话,这时话筒便从手上和口部沾染病菌。若在使用电话或手机后,马上触摸脸部,电话上的病菌就会传染到身上。感冒和流感都是靠无生命物品的表面来散播的。感冒病毒一旦染上无生命坚硬表面,就算过了一个小时,水分已经干燥,其中仍有40%具有感染性。(资料来源:Syed Sattar, PhD, University of Ottawa; *Washington Post,* January 11, 2006; WebMD Medical News, June 23, 2004)

22. 寿司安全吗?

每天都有几千万寿司食客活着见到隔日日出。相比之下,邮轮餐饮、色拉吧和快餐店汉堡包,反而共同组成了美食地雷区。如今O157型和O126型大肠杆菌登上舞台,就连身为健康膳食标志的生鲜蔬菜似乎也带有风险。前往寿司餐厅和前往其他餐厅相同,点餐前,先聚精会神检视餐厅是否清洁,还要注意服务生和厨师是否够卫生。食用生肉和海鲜的风险会更高一些,因为这类食品比较容易受到微生物和寄生体感染。光顾寿司餐厅之前先探听一下,看看餐厅检查报告书,最好只去声誉卓著并通过检查的餐厅。FDA建议,免疫系统缺损或染上肝

病等身处高风险健康情况的人群，最好别吃寿司和生鱼片。(资料来源：FDA Center for Food Safety and Applied Nutrition; University of Texas-Houston Medical Center)

23. 每次乘飞机后都会生病，该怎么办？

疾病很有可能不是在飞机上受到感染的。在拥挤的航空站或车站等待交通工具、度假、参加家庭聚会和业务会议，都为病菌制造了散播机会。乘飞机的时间越长，在机上感染病菌的机会越大。乘飞机时尽量不要碰触公用物品，如杂志、椅背托盘桌、枕头、毯子和耳机，这些东西都可能沾染了微生物。有些人会使用护手卫生清洁剂，或戴上口罩来避免病菌侵染。若有机会选择，尽量搭乘较不拥挤的班机。在航空站时避开群众。用餐前和上厕所之后一定用肥皂和温水洗手(这时护手卫生清洁剂也很好用)，在航空站附设餐厅用餐时也一样。(资料来源：World Health Organization; *Wall Street Journal,* January 6, 2006; *The Secret Life of Germs* by Philip Tierno, 2001)

24. 夏天天气较热，微生物是否比在冬天时生长更快？

是的，不过这只是总体而言。在人类适宜温度范围长得最好的微生物一旦遇上较低温度，生长速率便会减缓。若达到冰点，它们就完全停止生长。微生物在夏季摄取堆肥养料，很快就能把小鸟戏水盆的水变成绿色，连分解死尸的速率都超过寒冬时节。只是，人体内外都很温暖，温度相当稳定，栖居身体内外部位的微生物在冬季和夏季都长得一样好。

25. 让我的狗从马桶喝水没关系吗？

一般而言，狗喝马桶水并无大碍，就连你喝了也无妨。不过残余的清洁剂和清洁锭释出的消毒剂却可能带来问题，轻则导致胃肠不适、恶心、呕吐,重则可能引发严重肠胃道疾病。但马桶水中的菌群也有可能让狗生病。大肠杆菌会使人害病,一样也会让狗害病。防止家中小狗喝马桶水的办法很简单——盖上马桶盖!(资料来源:American Society for the Prevention of Cruelty to Animals; American Animal Hospital Association; American Veterinary Medical Association)

名词浅释

DNA:脱氧核糖核酸;所有能自我繁殖的细胞和部分病毒的遗传物质,DNA 为一种双股分子。

败血症:血液中出现病原体,与伤口化脓引致的脓毒症有别。病原体在血液和组织中散播可导致发炎和发烧。

孢子(霉菌的):某些霉菌的单细胞繁殖结构。

胞溶:细胞的瓦解现象。

胞外:位于细胞之外。

丙酸菌:丙酸杆菌属和棒杆菌属之皮肤细菌种群泛称。

病毒:含最少量遗传物质的亚显微粒子,必须感染寄主细胞才能繁殖。

病菌:微生物俗名,常指称有害微生物。

病原体:引发人类、动物或植物疾病的微生物。

肠内的:有关消化道的。

超级细菌/超级病菌:包含非原生基因(群),可表现特定预期反应的细菌;或具有抗生素耐药性或能耐受化学物质的菌种。

赤潮:海洋中的浮游生物爆发性急剧繁殖造成海水颜色异常的现象。

传播:病原体从某一感染源向健康人士转移的现象。

次氯酸盐:一种含氯化学成分,用来制造消毒用漂白剂。

大肠菌群:多种细菌构成的菌群,能促使乳糖发酵、产生气体,在 35 ℃时能够在 48 小时内滋长;供水业使用的粪便污染指标菌。

抵抗力/耐受力:承受抗微生物化学物质和药物的能力。

毒力：病原体的感染能力。

毒素：微生物制造的毒物。

对数型：与"指数型"意义相同。

发病率：族群在特定时期染上某种疾病的数量比率。

防腐剂：能抑制微生物在制品中生长的合成或天然物质。

肺炎球菌：肺炎链球菌的泛称。

分子：由成群原子构成之特定组合。

粪便的/粪生的：粪便构成的或含粪便的。

浮游生物：悬浮在海水中的细小有机体和微生物，通常为藻类。

杆菌：指芽孢杆菌。

感染：微生物侵入机体或在体内滋长。

感染剂量：病原体引发感染症所需最少细胞数量。

感染原：能侵染身体并引发感染症的一切微生物。

高传染性：一类疾病的形容词，描述这类疾病能在人群中传播。

革兰氏阳性菌：经革兰氏染色程序可保留紫色染料的菌类；染色后以显微镜观察呈深蓝色。

革兰氏阴性菌：经革兰氏染色程序不保留紫色染料的菌类；染色后以显微镜观察呈粉红色。

公认安全：有历史证据显示对人类安全的物质或食品。

固有型微生物：天生依赖生物机体维生，或栖居其他环境的微生物；原生型微生物。

硅藻：含硅的藻类。

核酸：DNA 的基本单元，由一单位氮化合物、一单位糖和一单位磷组成。

核糖核酸：DNA 复制和蛋白质合成作用之必备单股分子。

黑霉菌：生长后转呈黑色的霉菌类，一般指称葡萄穗霉菌种群。

化合物：由至少两种化学元素组成的物质。

化学治疗剂:用来杀死特定细胞,治疗疾病的化学物质或药品;化学疗法使用之药物。

获得性免疫力:出生之后,身体针对特定抗原制造抗体,从而对那些抗原发展出的抵抗力。

机会致病性:平常无害,不过一旦寄主感受性弱化便能造成感染。

基因:携带指令的一段 DNA,能指示细胞制造一种物质。

基因疗法:将体外一段基因(或多段基因)纳入或取代本身 DNA,从而发挥治病效能的做法。

基因转移:将一段基因从某个细胞挪到另一个细胞的转移过程。

基因组:一个细胞的一份完整遗传物质。

基质:用来培养微生物的培养液或琼脂配方。

极端微生物:栖所条件极端偏离常态的微生物类群,极端条件常指极热、极冷、极干、极酸,还有含盐量或压力极高。

疾病:导致系统、器官或组织无法发挥健全功能的可预见情况,疾病影响健康而且经常表现为综合征。

寄生体:借寄主生物取得养分的有机体。

兼性型:不论在某特定条件下或无该特定条件下(好比不论含氧与否)都能生长之特性。

酵母:一类单细胞真菌。

接触时间:消毒剂或卫生清洁剂杀死微生物所需最短时间。

接种:把少量微生物置入培养基的做法。

局部感染:不在皮肤四处蔓延或进入血流的感染症。

聚合酶链反应:取少量原始基因,运用 DNA 聚合酶来大量制造基因副本的做法。

绝对的/专性的:需求特定条件的,如绝对厌氧菌只能在含氧环境生存。

菌株:根据某种遗传性状来细分的细菌或原生动物独特形式。

抗感染剂/抗感染的：能清除微生物，常用在皮肤上的物质；也用来指称不含微生物的环境。肝炎：肝脏发炎现象，通常由感染原引发。

抗甲氧西林金黄色葡萄球菌：能够耐受抗生素甲氧西林的金黄色葡萄球菌。

抗生素：能杀死微生物或抑制其生长的天然或合成物质。

抗生素耐药性：具有耐受周遭抗生素的能力。

抗微生物的：杀死或抑制微生物生长。

抗原：细胞表面的一类化合物，机体借此区辨自身和异物之别。

抗原转换：流感病毒抗原的重大变换；流感疫苗必须每年更新就是肇因于这种现象。

空气传染型：附着于纤小微粒或潮湿微滴(飞沫)并借空气传播的。

离子：带有正、负电荷的原子。

链球菌：成股或成串生长的圆形细菌类群之泛称。

酶：助长生物反应进程的一类物质，通常属于蛋白质。

霉斑：俗称生长在潮湿环境表面，且肉眼可见之霉菌。

霉菌：绒毛状真菌菌丛。

霉菌毒素：真菌类分泌的毒素。

美国环境保护局(EPA, U.S. Environmental Protection Agency)：美国联邦政府机构，负责保障公民健康并保护自然环境。

美国疾病控制与预防中心(CDC, Center for Disease Control and Prevention)：美国联邦机构，隶属卫生及公共服务部，以增进美国公民健康为宗旨。

美国农业部(USDA, U.S. Department of Agriculture)：美国联邦政府内阁部门，主要职能为拟定、执行该国农业和食品相关政策。

美国食品及药物管理局(FDA, Food and Drug Administration)：美国联邦机构，隶属卫生及公共服务部，负责食品、医药、卫生、疾病控制等管理职能。

免疫力:运用身体器官和细胞来对付特定感染原的能力。

免疫系统:机体负责对抗微生物感染的器官和细胞群。

灭菌剂:能杀死所有微生物(包括细菌芽孢)的物质。

纳米技术:制造、使用纳米尺度物质和装置的学问。

黏膜:体腔通道直接接触空气之衬里结构,通常含有黏液分泌细胞。

培养/培养菌:在实验室中栽培微生物,也指称培养出的微生物族群产物。

葡萄球菌:丛聚生长的圆形细菌类群之泛称。

潜伏期:一种疾病阶段,期间不表现综合征,且病原体或处于休眠状况。

琼脂:用来培养细菌和霉菌的凝胶状物质;以海藻制成的多糖类物质。

球菌:圆形或球形的细菌类。

群体免疫力:族群当中对某种感染症免疫的成员数量达到一最低比率,导致那种感染症很难在族群间蔓延的状况。

染色体:细胞内结构,携带该细胞的所有基因。

软骨藻酸:特定硅藻制造的毒素。

杀菌剂:能杀死微生物的物质。

神经毒素:干扰神经功能的物质。

生物薄膜:微生物与其泌出物混合构成的薄膜,粘附于有液体流过的表面。

生物技术业:以遗传工程学为基础的产业,发展宗旨为运用细胞和细胞化合物来制造新药物和新产品。

生物降解:运用微生物来消化或中和环境毒素。

生物杀灭剂:能杀死生物的物质。

食源型:借由食物媒介的。

嗜干微生物:栖居非常干旱环境的微生物。

嗜碱微生物:在碱性环境中生长的细菌类群。

嗜冷微生物:在低温(通常指低于 15 ℃)环境生长的微生物。

嗜热微生物:能适应高热环境,最佳生长温度介于 50—60 ℃之间的微生物。

嗜酸微生物:在酸性环境中生长的细菌。

嗜盐微生物:栖息在高盐含量环境的微生物类群。

嗜中温微生物:在中等温度范围(10 —50 ℃)生长的微生物类群。

噬菌体:侵染细菌的病毒类群。

受了污染:包含有害微生物的情况。

水传染型:借水传播的。

水华:淡水中的藻类大量繁殖的一种自然生态现象,是水体富营养化的一种特征。

丝状:具长形延伸构造,可在环境中向外生长。

死亡率:一族群在特定期间因罹患某种疾病致死的数量比率。

溯源:确认疫情源头的追溯历程。

突变:DNA 基因正确序列或基因核苷酸正确序列之改动现象。

吞噬作用:细胞包覆、消化颗粒或其他细胞的现象。

外毒素:由微生物制造并泌出体外的毒素。

微环境:具特殊条件可供微生物滋长的位置。

微机体:即微生物;指称细菌、霉菌孢子、酵母或原生动物的细胞。

微生物载量:一种食品或其他物质所含微生物总量。

卫生保健:个体奉行清洁习性并保持环境卫生,从而减低感染蔓延的情况。

卫生清洁剂：减少菌数达安全水平的物质，通常可使菌数减少达99.9%。

污染物:腐坏物质或使物质不适合于使用的微生物或化学物质。

无活性成分:抗微生物产品中不具抗微生物功能的成分。

无生命的:非生物的。

稀释效应:把毒素掺入大量的水或其他液体来解除毒性。

稀有生物圈:地表独一无二的或罕见的特殊生态系统。

细胞器:细胞内部执行特定功能的部位,细胞器由生物膜包覆并与其他构造区隔;细菌一般不具有细胞器(有些细菌有核糖体)。

细菌:具细胞壁但无胞器的单细胞微生物。

先天免疫力:出生时便具有的,能对付某些非特定抗原的抵抗力。

消毒剂:能杀死所有微生物(细菌芽孢例外)的一类物质。

新陈代谢:细胞或有机体为产生能量来维持生命的所有化学和酶反应。

休眠:某些微生物的一种生活状况,微生物休眠时代谢率非常低而且不繁殖。

需氧微生物:需要氧气的微生物。

悬浮微滴:排入空气中的纤小潮湿微粒。

血清型:微生物中依细胞组成或抗原形式细加区分的类别。

芽孢(细菌的):细菌的休眠型细胞,几乎坚不可摧。

芽孢杆菌:一类杆状或雪茄状细菌。

厌氧微生物:没有氧气也能生长,或只能在无氧或极低氧环境生长的微生物类群。

养分:含有完备化学成分,足供细胞生成能量、维持生命所需之合成物。

药物:施用于身体便能改动至少一种功能的任何物质。

易感染性:对某种感染或疾病欠缺抵抗力的情况。

疫情暴发:疾病发生率突然提高的现象。

有毒霉菌:所有能够制造霉菌毒素,或能导致呼吸道疾病的霉菌。

原生动物:具有内部结构但无细胞壁的单细胞微生物。

原生型(生物):机体或某种环境的固有型(生物)。

再现性疾病:原本认为蔓延情况已经受控的疾病,在族群中的发病率却再次提高或预期又将提高。

暂居型微生物:非天生栖居体表,也不常驻该处的微生物。

藻类:进行光合作用但无植物细胞结构的微生物类群。

真菌类:具细胞且内含胞器的酵母菌、霉菌或蘑菇。

指标菌:一类菌群,检测水样时若发现这类菌群,便代表水中含有粪生细菌污染。

指数型:以渐趋高速发生变化的情况;与"对数型"意义相同。

质粒:位于染色体外的细小环状 DNA 片段,见于细菌。

种:生命机体学名的最后一个名字(称为种小名或种加词),即用来描述物种的最确切名称。依此 *Staphylococcus aureus*(金黄色葡萄球菌)之 *aureus* 便为种小名。

属:生物分类法中的一级,多数物种学名之第一个部分,如金黄色葡萄球菌的学名为 *Staphylococcus aureus*,名称第一个部分 *Staphylococcus* 就是这种球菌的属名。

致谢

　　我要感谢几位人士，他们耐心审阅本书的科学专业内容。专业技术部分由多位专家审订，包括恩里克斯(Carlos Enriquez)博士、冈萨雷斯(Dana Gonzales)博士、梅纳(Kristina Mena)博士和拉斯金(Robert Ruskin)博士，以及理学硕士帕恩斯(Carole Parnes)，这里对他们的细致和关注致以谢忱。我也要谢谢许多人提供深刻洞见并指出疑点，包括迪克拉克(Bonnie DeClark)、罗亚尔(Priscilla Royal)、西格尔(Sheldon Siegel)、斯蒂瓦特(Meg Stiefvater)和华莱士(Janet Wallace)。

　　本书得以从初步手稿到完成最后作品，归功于瓦尔曼(Keith Wallman)、雅各比(Peter Jacoby)和凯修斯(Jennifer Kasius)的大力协助和指引，我要向他们致以最高的谢意。最后，同样让我感怀于心的是罗兹(Jodie Rhodes)，在她眼中，良机美景俯拾皆是。

策　　划　侯慧菊　王世平

责任编辑　吴　昀

装帧设计　杨　静

"让你大吃一惊的科学"系列丛书
掉在地上的饼干能吃吗
　　——有关微生物的必要常识
【美】安妮·E. 马克苏拉克(Anne E. Maczulak)　著
蔡承志　译

出版发行　上海科技教育出版社有限公司
　　　　　　（上海市闵行区号景路159弄A座8楼　邮政编码201101）
网　　址　www.sste.com　www.ewen.co
经　　销　全国新华书店
印　　刷　天津旭丰源印刷有限公司
开　　本　700×1000　1/16
字　　数　246 000
印　　张　17.5
版　　次　2011年12月第1版
印　　次　2022年6月第4次印刷
书　　号　ISBN 978-7-5428-5269-4/N·821
图　　字　09-2010-104号
定　　价　58.00元